国家级一流本科专业建设成果教材

可扩展标记语言（XML）技术

罗如柏　主编　　周 坤　副主编

化学工业出版社

·北京·

内容简介

《可扩展标记语言（XML）技术》是面向数智化出版领域的专业教材。本书基础部分解析了XML语法规范、DTD与XML Schema约束机制，夯实技术基础；进阶部分探讨XPath查询、XSLT转换、XSL-FO排版、SVG图形绘制等XML数字内容加工的核心技术；行业部分结合产品案例分析XML在电子书制作、学术出版结构化标注、跨媒体出版系统设计中的实践。本书力争基础理论、技术与行业最新应用成果有机融合，努力做到深入浅出。

本书可作为高等学校印刷工程专业、数字出版专业、新媒体技术专业、数字媒体技术专业等相关课程的教材或教学参考书，也可以作为印刷与出版领域工程技术人员的参考书。

本书配套课件和课程的微课程视频可以联系主编（luorubai@xaut.edu.cn）获取。

图书在版编目（CIP）数据

可扩展标记语言（XML）技术 / 罗如柏主编；周坤副主编. -- 北京 ：化学工业出版社，2026. 1. --（国家级一流本科专业建设成果教材）. -- ISBN 978-7-122-49734-5

I. TP312

中国国家版本馆CIP数据核字第2026UB2136号

责任编辑：李玉晖　　　　文字编辑：刘建平
责任校对：李　爽　　　　装帧设计：韩　飞

出版发行：化学工业出版社
（北京市东城区青年湖南街13号　邮政编码100011）
印　　装：三河市航远印刷有限公司
787mm×1092mm　1/16　印张$12^{3}/_{4}$　彩插1　字数307千字
2026年3月北京第1版第1次印刷

购书咨询：010-64518888
售后服务：010-64518899
网　　址：http://www.cip.com.cn
凡购买本书，如有缺损质量问题，本社销售中心负责调换。

定　　价：55.00元

本书编写人员

（以姓氏笔画为序）

主　　编：罗如柏

副 主 编：周　坤

参加编写：付洪韬　百华睿　闫国龙　牟凤英　李少明　杨　勇

张启松　陈　琛　罗如柏　周　坤　郑景涛　魏超鹏

本书配套数字化微课制作人员

（以姓氏笔画为序）

统　　筹：罗如柏

录　　制：罗如柏　胡京博　廖开阳

前言

在数字技术深刻重塑出版业态的今天，可扩展标记语言（XML）作为结构化数据管理的核心工具，已成为现代出版业技术转型的基石。XML以其开放性与跨平台特性，有效解决了多源数据整合、内容智能复用、动态发布等关键问题，为出版流程的标准化与智能化提供了全新范式。本书立足于出版行业实际需求，系统阐述了XML技术的理论体系与实践应用，旨在为数字出版人才培养提供专业支撑。

为了推进相关课程体系的建立和加强教材建设工作，西安理工大学印刷工程系与北京北大方正电子有限公司联合撰写完成本书。本书在构建知识体系时，注重理论与实践的融合，采用了“技术原理—实践应用—典型产品”三层架构，构建了“基础—进阶—行业”层层递进的内容体系。希望通过本书让印刷工程、出版工程及相关专业的本科生能够系统地了解和掌握相关的知识，以适应当前出版系统发生的变革，并能积极地参与这次技术革命。

本书的出版，得益于西安理工大学教材建设委员会将本书列入教材重点建设立项资助项目和西安理工大学在线课程建设。本书尝试了新形态教材的表现形式，除了呈现在读者面前的纸质书外，教材建设团队还录制了数字化的微课内容，作为本书配套的数字资源，以方便读者更加高效地学习和理解相关内容。本书由西安理工大学和北京北大方正电子有限公司共同完成。本书第1章1.1～1.3由周坤编写，第1章1.4、第2章至第7章由罗如柏编写，第8章和第9章由周坤、闫国龙、付洪韬、李少明、杨勇、百华睿、魏超鹏、张启松、陈琛、郑景涛、牟凤英共同编写。全书由罗如柏担任主编、周坤担任副主编，负责统稿和定稿工作。本书配套数字化微课由罗如柏统筹，由罗如柏、胡京博和廖开阳共同完成课程的录制。本书配套课件和课程的微课程视频可以联系主编（luorubai@xaut.edu.cn）获取。

数智化出版内容丰富，发展日新月异。由于编者能力有限，书中内容难免有不足之处，希望读者给予批评指正，以便今后修订提高。

罗如柏

目录

第3章 文档类型定义 / 26

第4章 XML Schema / 54

第 1 章

绪论

XML（extensible markup language，可扩展标记语言）是一种简单灵活的标记语言，起源于 SGML（standard general markup language，标准通用标记语言），是 SGML 的一个子集，也是 SGML 的一个简化版本，非常适合在 Web 上或者其他多种数据源间进行数据的交换，在信息描述领域具有重要而广泛的应用。

当前，在全球范围内的各个领域里，智能技术正以前所未有的速度、广度和深度参与新技术和新系统的发展。在所有的智能技术里，信息是智能的基础，因此，描述是最基础的工作。XML 技术在信息描述方面优势突出，在印刷生产数据描述、色彩特性描述、出版数据描述等领域都能看到 XML 的身影。应该说，XML 技术在印刷智能制造和融媒体出版领域正扮演着越来越重要的角色。

“XML 技术与传出版”这门课程是在印刷智能制造和融媒体出版的技术变革的背景下开设的。读者通过学习此门课程，能够系统地了解和掌握相关知识，以适应当前印刷与出版系统的变革，并能积极地参与这次技术变革。

1.1 标记语言

可扩展标记语言，从其名称不难发现，它是一种标记语言。因此，首先理解什么是标记语言是很有必要的。

标记语言特指用一系列约定好的标记来对文本内容进行标记，以实现对文本内容的语义、结构及格式的定义。这些标记本身没有意义，它们与文本内容结合后形成电子文档，而应用软件通过解读电子文档中的这些标记语言，并通过标记语言的意义，即语义、结构及格式，来对文本内容进行特定的处理。例如，在屏幕上显示一行粗体格式的“我是中国人！”。那么，用户可以通过添加表达有“粗体格式”含义的标记来修饰这个文本内容（如例程 1-1）。

例程 1-1：

```
<font-bold>我是中国人！</font-bold>
```

在例程 1-1 中，“<font-bold>、</font-bold>”就是使用的标记，“我是中国人！”就是标记所修饰的文本内容。当然，屏幕上是否通过这个代码实现以粗体格式显示“我是中国人！”，这还取决于对应的应用程序是否能够理解这个标记的含义，并正确执行该意图。当前很多文本处理应用程序，如 Word、写字板等，就是通过专用标记来实现文字大小、字体、颜色和段落等格式控制的。

除了格式控制外，用户还通常需要对文本内容标记它的意义。如例程 1-2，通过添加标记“<color>、</color>、<R>、</R>、<G>、</G>、<B>、</B>”对“255、0、0”这三个文本添加上色彩值的意义，即红通道的色彩值是 255，绿通道的色彩值是 0，蓝通道的色彩值是 0。

例程 1-2：

```
<color>
    <R>255</R>
    <G> 0 </G>
    <B> 0 </B>
</color>
```

显然，通过这些标记可以说明它包含的文本内容的意义。同时，用户基于“<color>、</color>、<R>、</R>、<G>、</G>、<B>、</B>”之间的结构关系，可以理解出“255、0、0”这三个文本信息间的语义逻辑。因为结构上，“<R>、</R>、<G>、</G>、<B>、</B>”并列被包含于“<color>、</color>”之中，说明“255、0、0”这三个文本信息是一个颜色中的红绿蓝三个通道的色彩值。

不难看出，标记语言是由一些控制标记或者语义标记组成，这些标记决定了信息的格式或数据的意义。这些标记用于修饰它所包含的文本内容，使文本内容具有语义性和结构性。正是这种语义性和结构性使得应用软件能够对文本信息进行正确的解读和应用。显然，为了实现对文本进行这些意义标记的功能，标记语言必须定义出什么样的标记是允许的、什么样的标记是必需的、标记的含义是什么，以及标记是如何与文本内容相区分的。

伴随着文本处理系统的发展过程，先后发展出了通用标记语言（general markup language，GML）、标准通用标记语言（standard general markup language，SGML）、超文本标记语言（hypertext markup language，HTML）、可扩展标记语言（extensible markup language，XML）等一系列标记语言。如图 1-1 所示，标记语言家族已发展为一个大家族。

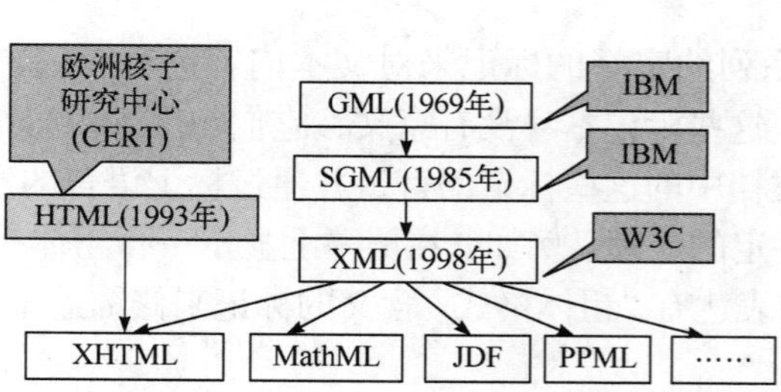

图 1–1　标记语言家族示意图

回顾技术发展的历程，往往可以让我们更清楚地理解各项技术的特点，了解各项技术之间的联系和正确理解标记语言这一技术。

标记语言家族中第一个诞生的通用标记语言（GML）由 IBM 为促进数据的交换和操作于 20 世纪 60 年代开发，以解决不同系统中文档格式不同的问题。IBM 公司研究人员认为：

要提高系统的可移植性，就必须采用一种通用的文档格式，并且这种文档格式必须遵守特定的规则。GML 是一套信息编码系统，使信息独立于出版和传送媒介，实现了文本可在不同的设备与软件之间以相同的方式编码与传输，信息得以共享。

此后，IBM 的研究人员在 GML 的基础上继续完善该语言，并在对这种标记语言的概念达成共识的基础上将其称为 SGML。SGML 最初作为一个信息管理的国际标准[ISO 8879：1986，Information processing-Text and office systems-Standard Generalized Markup Language（SGML）]由国际标准化组织（ISO）于 1986 年发布，成为第一个标准化的信息结构化技术。SGML 是 ISO/ANSI/ECMA 的一个共同标准，是一种定义电子文档结构和描述其内容的国际标准语言，允许用户在文档中插入标记，以指定文档的结构和内容。SGML 的设计初衷是将文档的内容与样式分离，从而使得文档可以在不同版本的印刷品和电子格式之间转换。为了实现这一设计目标，SGML 的标记分为程序性和描述性两种，分别用于描述文档的显示样式和文字用途。

SGML 的功能非常强大，是一种通用的文档结构描述置标语言，为语法置标提供了异常强大的工具，同时具有极好的扩展性，在数据分类和索引中非常有用。SGML 作为“元语言”，可用来定义和描述其他更具有专门性的置标语言的通用规则，用于创建其他置标语言，并具有高稳定性和高可携带性。但是，SGML 的优点同时也伴随着较高的复杂性和成本。SGML 强大功能的背后是它的复杂度太高，不适合网络的日常应用；同时，SGML 需要许多昂贵的软件配合运行，带来了高开发成本，因此，SGML 在很长一段时间内不被主流浏览器厂商支持，并且在 Web 上没有得到很好的推广。

为适应网络应用，在 Internet 上对共享文档做标记，Web 的发明者欧洲核子研究中心（CERN）的 Tim Berners-Lee 基于 SGML 技术于 1990 年创立了 HTML。HTML 是用于网页展示的、基于 SGML 技术的一个简化应用，其第一个版本 HTML 1.0 在 1993 年 6 月作为互联网工程工作小组（IETF）工作草案发布。由于 HTML 独立于各种操作系统平台，学习和实现非常容易，且免费提供源代码，很早就获得各个浏览器厂商的支持。用户使用 HTML 将所需要表达的信息按某种规则写成 HTML 文件，通过 Web 浏览器来识别，并将这些 HTML 文件“翻译”成可以识别的信息，即我们所见到的网页。

HTML 在 Web 迅猛发展的过程中起着重要作用，有着重要的地位。但随着网络应用的深入，特别是电子商务的应用，HTML 过于简单的缺陷很快凸显出来：

①HTML 不可扩展，不允许应用程序开发者为具体的应用环境定义自定义的标记。

②HTML 只面向信息的显示，提供了字体、颜色、布局等显示控制标记，但没有语义结构，即 HTML 显示数据是按照布局而非语义的。

随着网络应用的发展，各行业对信息有着不同的需求，这些不同类型的信息未必都是以网页的形式显示出来。例如，在网络数据交互、储存、检索以及业务集成时，人们都希望数据是具有语义信息的，这样查找相关业务就会变得更加方便。1996 年 7 月，万维网联盟（World Wide Web Consortium，W3C）在 Jon Bosak（SUN 公司的网络技术专家）的建议下成立了由一大批著名公司、学术机构代表和 SGML 专家组成的 XML 规范制定小组。该小组致力于为电子数据交换（electronic data interchange，EDI）提供一个标准数据格式。在小组成员的共同努力下，标准、简洁、结构严谨以及可高度扩展的 XML 就产生了。XML 同样是基于 SGML 技术，结合了 SGML 的强大功能、可扩展性和 HTML 的简单性。XML 1.0 建议书经 W3C 认可于 1998 年 2 月 10 日正式公布于众。

XML 使用一个简单而又灵活的标准格式，为基于 Web 的应用提供了一个描述数据和交换数据的有效手段。但是，XML 并非用来取代 HTML 的。HTML 着重描述如何将文件显示在浏览器中，XML 与 SGML 相近，它着重描述如何将数据以结构化方式表示。XML 继承了 SGML 的规范，且 XML 与 HTML 兼容。XML 作为一种元语言，可以针对特定的应用场景和需求，开发出“专用标记语言”。

所谓的“专用标记语言”，是为满足特定的需求、为某种应用程序与设备特别设计和定制的专用编码。在图 1-1 中，HTML、XHTML、MathML、JDF、PPML 都属于“专用标记语言”。

HTML 是用 SGML 定义的，专门为了应用在 Web 上的网页设计的。可扩展超文本标记语言（extensible hypertext markup language，XHTML）则是基于 XML 在 HTML 基础上发展起来的，是吸取了 XML 语法严谨优点的一种超文本标记语言。XHTML 比 HTML 具备更加严谨的语法，能够为众多版本的 Web 浏览器研发提供规范的技术标准。数学标记语言（mathematical markup language，MathML）是由万维网联盟的数学工作组提出的一种基于 XML 的、用来在互联网上书写数学符号和公式的置标语言。MathML 由两种基本独立的标记组成：一种是表现型标记，用来描述数学公式的层次结构；另一种是内容型标记，用来描述数学公式的逻辑内容。主要应用的是表现型标记，用它可以精确地控制一个表达式的外观，如在浏览器中的显示或在打印纸上的打印样式等。JDF 文件格式（job definition format，JDF）又称“作业定义格式”“业务定义格式”，是由 CIP4 组织发布的、基于 XML 的、用于活件的描述及交换的开放式文件格式。个性化印刷标记语言（personalized print markup language，PPML）是一种面向个性化可变印刷的、基于 XML 技术的行业标准印刷语言。这种语言的特点之一就是文档中包含着可以重复使用的页面内容，同时将文档中的可变内容和固定内容进行分开处理，这样打印的时候再合并即可。也正是因为这一特点，在打印相同数量的可变数据文档时，PPML 相较于 PDF 格式有较大的速度优势。

标记语言家族中，除了专用标记语言，还有一类是通用标记语言。通用标记语言的设计并不针对某一特殊的用途或应用软件，而是为了让许多不同的、一般的程序使用。这种语言就是一种元标记语言，可用于定义出无数新的标记语言。通用标记语言所描述的文件比专用标记语言所描述的文件拥有更好的移植性。显然，在图 1-1 中，GML、SGML 和 XML 是典型的通用标记语言。

通过回顾标记语言家族的发展历程，我们不难发现，陡峭的学习曲线和低的实现成本将非常有利于一种语言被大众快速接纳、使用，并达到普及的程度。

1.2 XML 技术概述

通常，我们在网络数据交互储存、检索以及业务集成时，都希望数据是具有语义信息的，这样处理相关业务就会变得更加方便。那为什么有了语义信息，就更好呢？例程 1-3 展示了一个完整的 XML 文档代码，它是一个由标记语言描述的包含语义的文本数据。在代码中，单书名号里的标签（标记）信息就是赋予文本字符段的相关语义。

例程 1-3：

```
<?xml version="1.0" encoding="UTF-8"?>
<bookstore>
  <book category="历史">
        <title lang="cn">中国印刷史</title>
        <author>张秀民</author>
        <year>2006</year>
        <price>100.00</price>
</book>
<book category="儿童">
        <title lang="cn">舒克和贝塔历险记</title>
        <author>郑渊洁</author>
        <year>1989</year>
        <price>35.00</price>
</book>
<book category="网络技术">
        <title lang="en">Learning XML</title>
        <author>Erik T. Ray</author>
        <year>2003</year>
        <price>39.95</price>
  </book>
</bookstore>
```

通过阅读这些标记过的文本数据，我们可以很容易地理解到这个文本数据描述了关于不同书籍的信息，这些具体的信息里有标题、作者、年份和价格信息。有了这些语义信息，在显示和检索处理时，就可很方便地针对每个语义的文本字符段进行显示与处理。这就像现实中管理书籍一样，由于每本书籍在封面外表都有书籍的相关信息，我们能很快速地通过这些信息找到我们需要的书籍。

通过对例程 1-3 的阅读，不难发现，XML 具有两个显著的特点：标签的自定义性和 XML 数据的自我描述性。

在例程 1-3 的代码中，这些标记显然不是使用专门的标记符号进行元素和数据的描述，而是使用用户自定义的标记名称。这种用户可以根据自己需要自定义标签名的特征被称为“标签的自定义”。标签的自定义为数据的语义描述提供了极大的自由度，从而能够最大限度地将文本信息的语义进行准确描述。

基于 XML 的可扩展性，文本信息的语义可以很好地通过标签获得，而不需要额外的处理或翻译工作。也就是读懂了标签就自然而然地理解所描述的文本信息的含义。这种特征就是 XML 数据的自我描述性。

此外，XML 还具有可扩展、简单易懂、跨平台信息交换和国际化的优势。

所谓可扩展，是因为 XML 是一种元语言，其应用层面具有无限的延伸性。同时，XML

程序代码以文本表示，表达直观，容易理解，因此，具有简单易懂的特点。在跨平台信息交换时，只要有 XML 解析器，就能解读经过标记的数据，从而获得正确的信息。并且，XML 建立在 Unicode 之上，实现了文本信息更好的跨平台性和跨文化传输。在例程 1-3 第一行代码里的“encoding="UTF-8"”就声明了使用 Unicode 的 UTF-8 字符编码。

Unicode 通常被称为统一码、万国码、统一字元码、统一字符编码等，是一种在计算机上使用的字符编码。Unicode 编码方案于 1990 年开始研发，1994 年正式公布，2021 年 9 月 14 日发布了 Unicode 14.0.0 版本。

使用 Unicode 编码能实现很好的跨平台性和跨文化传输，是因为 Unicode 编码技术解决了传统字符编码方案的局限问题。在传统字符编码方案中，只能表示一种语言的字符，而不能表示多种语言的字符，这就导致了不同语言的字符无法混合出现在一个文本中。Unicode 编码了世界上大部分的文字系统，使得电脑能以通用的编码方案来处理多种语言混合出现的文本。简单来说，Unicode 编码为每种语言中的每个字符设定了统一并且唯一的二进制编码，以满足跨语言、跨平台进行文本转换、处理的要求。

从数据处理的角度来看，XML 具有以下特点：

①XML 可以从 HTML 中分离数据。即能够在 HTML 文件之外将数据存储在 XML 文档中，这样可以使开发者集中精力使用 HTML 做好数据的显示和布局，并确保数据改动时不会导致 HTML 文件也需要改动，从而方便维护页面。XML 也能够将数据以“数据岛”的形式存储在 HTML 页面中，开发者依然可以把精力集中到使用 HTML 格式化和显示数据上。

②XML 可用于交换数据。基于 XML 可以在不兼容的系统之间交换数据，计算机系统和数据库系统所存储的数据有多种形式，对于开发者来说，最耗时间的工作就是在遍布网络的系统之间交换数据。把数据转换为 XML 格式存储将大大降低交换数据时的复杂性，还可以使这些数据能被不同的程序读取。

③XML 可应用于 B2B（企业对企业）中。例如在网络中交换金融信息，目前 XML 正成为遍布网络的商业系统之间交换信息所使用的主要语言，许多与 B2B 有关的完全基于 XML 的应用程序正在开发中。

④利用 XML 可以共享数据。XML 数据以纯文本格式存储，这使得 XML 更易读、更便于记录、更便于调试，也使不同系统、不同程序之间的数据共享变得更加简单。

⑤XML 可以充分利用数据。XML 是与软件、硬件和应用程序无关的，数据可以被更多的用户、设备所利用，而不仅仅局限于基于 HTML 标准的浏览器。其他客户端和应用程序可以把 XML 文档作为数据源来处理，就像操作数据库一样，XML 的数据可以被各种各样的“阅读器”处理。

⑥XML 可以用于创建新的语言。比如，由 XML 发展来的 WML。WML（wireless markup language，无线标记语言）是用于标识运行于手持设备（比如手机）上的 Internet 程序的工具，它就采用了 XML 的标准。

XML 技术一经推出，就受到业界人士的极大推崇和赞誉。例如，比尔·盖茨对 XML 的评价为：“XML 将为每一种流行的编程语言带来一个语言革命，其影响力甚至超过 HTML 为世界带来的影响。”SGML 发明者 Goldfarb：“我为 XML 感到骄傲，WWW（world wide web，万维网）正在转为以 XML 为基础。”

目前，XML 有两个版本，分别是 XML 1.0 和 XML 1.1。其中 ，XML 1.0 在 1998 年首发后，全球万维网联盟不断改进和修订，又分别于 2000 年、2004 年、2006 年、2008 年分别发布了 XML 1.0 的四个修订版本。作为 XML 1.0 的迭代更新版本，XML 1.1 是作为一项候选推荐发布于 2004 年 2 月 4 日。它是对 XML 1.0（第三版）进行改进和扩展的结果，旨在提供更强大和灵活的语言功能。

需要注意的是，尽管 XML 1.1 提供了一些新的功能和改进，但它目前并不是被广泛采用的版本。大多数应用和系统仍然使用 XML 1.0（第五版或第三版）作为其主要 XML 标准。

1.3
XML 技术在融媒体中的应用

XML 在现代文档处理领域中发挥着至关重要的作用，成为数据交换和文档管理的核心标准之一。目前，XML 出版技术已然是现代出版业的核心，涉及文档处理、智能排版、数据交换、出版安全及创新技术融合等关键领域。

与传统的文本格式相比，XML 的主要优势在于其自描述性和可扩展性，这使得文档的结构和内容变得清晰且容易理解，既便于机器处理，也便于人工阅读。此外，由于 XML 的良好兼容性，它可以方便地与不同平台和技术进行集成，实现跨系统的数据交换。在解析和生成方面，XML 的文本格式允许开发者使用多种编程语言进行操作，简化了开发和维护的过程，被广泛应用于电子商务、电子政务、Web 服务及多媒体领域。因此，在融媒体出版中，XML 在内容生产、内容呈现、内容管理和信息交换等方面有着广阔的应用空间。

（1）内容结构化与语义标注

XML 的优势之一是它能够对内容进行结构化和语义化标注。以学术文献为例，一篇文献通过 XML 格式存储后，可以明确区分出文章的各个组成部分，如标题、作者、关键词、摘要、各级正文标题、文内图表与相应的图题和表题、参考文献等。这种清晰的结构不仅能让读者理解，也能方便机器进行内容解析和处理。

（2）便于内容的交换及跨平台显示

XML 的标准化特性使得不同系统和平台之间能够共享数据。通过采用 XML 格式，出版系统能够轻松地将内容从一个平台迁移到另一个平台，确保跨平台的兼容性，避免数据的丢失或格式错误。只要遵循统一的 XML 数据结构，在平台间就可以进行数据交换。如国际上主流的学术资源平台（PMC、Elsevier、Springer 等），它们都是通过共同遵循统一的 XML 数据标准，实现内容的交换的。

（3）增强的索引和搜索功能

XML 中的每个标签都可以包含丰富的数据描述性信息，这使得搜索引擎可以通过精确的标记和索引快速找到相关内容。基于 XML 格式的数据可以支持高效的搜索与筛选，帮助用户迅速定位所需信息。

（4）支持开放获取与跨学科合作

在开放科学的背景下，XML 出版系统能够帮助期刊和出版物更容易地实现开放共享和跨学科合作。通过 XML 格式，研究者和学者可以更方便地访问和引用相关文献，促进知识的共享和传播。同时，XML 格式可以方便地表达音视频以及各种科学数据，并且和文章建立语义关联。这样，期刊等出版物能够更好地通过互联网平台展示多样化的内容，提升了读者的阅读体验，打破了传统纸媒的内容边界。

（5）提高出版效率、降低生产成本

采用 XML 格式可以简化内容的生产流程，从而提高整体的出版效率。特别是对于文献、工具书等这种高度结构化的内容数据，通过 XML 技术构建的出版系统，可以减少人工干预、优化排版和审稿过程，从而大幅度减少出版单位的运营成本。

1.4 课程的主要内容与学习方法

在数字技术深刻重塑出版业态的今天，智慧出版已是先进出版系统发展的必然方向。XML 作为结构化数据管理的核心工具，已成为现代出版业技术转型的基石。XML 以其开放性与跨平台特性，有效解决了多源数据整合、内容智能复用、动态发布等关键问题，为出版流程的标准化与智能化提供了全新范式。

为满足目前市场对智慧出版人才的需求，高等学校印刷工程、数字媒体等专业开设了“XML 技术与出版”课程，本书是为该课程开展教学编写的教材。为适应产业发展的新变化、新需求，本书围绕 XML 技术在智慧出版中的应用共同梳理了本教材的知识结构，采用了“技术原理—实践应用—典型产品”三层架构，构建了“基础—进阶—行业”三层递进的内容体系。基础部分解析了 XML 语法规范、DTD 与 XML Schema 约束机制，夯实技术基础；进阶部分探讨 XPath 查询、XSLT 转换、XSL-FO 排版、SVG 图形绘制等 XML 数字内容加工的核心技术；行业部分结合产品案例分析 XML 在电子书制作、学术出版结构化标注、跨媒体出版系统设计中的实践，力争做到基础理论、技术与行业最新应用成果的有机融合。

“XML 技术与出版”是理论与工业实践紧密结合的一门课程，为了使读者能够更好地学习和掌握本门课程的知识点，建议在学习过程中坚持以下四个统一：

①单元技术与工程思想的统一。本书在结合单元技术的论述的同时，对单元技术所蕴含的工程思想进行阐述。改变以往仅仅论述计算机语言语法本身的做法。理解其工程思想，将有助于深刻理解单元技术，并为后续的工程应用与技术创新打下基础。

②单元技术与其项目应用案例的统一。本书在单元技术知识点的后面一般都安排有该技术的代码应用例程，并通过独立一章的内容来介绍成熟的 XML 出版系统。这样在学习过程中，不会让学生在孤立的单元技术学习中感觉到抽象。同时，在 XML 技术的基础部分，基于项目教学思想，使用一个相对完整的项目代码贯穿整个技术基础的学习。

③XML 技术最新进展与 XML 技术在媒体领域应用的统一。本书结合行业最新应用成果，展现 XML 技术在智慧出版中的前沿应用，使学生在学习过程中，深刻地理解这些 IT 技术在本专业领域中的应用，并引导学生创新地将所学知识拓展到未来新的应用场景中去。

④线下纸质教材学习与线上学习资源拓展的统一。本书基于线上线下混合教学模式，将教材开发成“纸质教材+数字化课程资源”的新形态，以方便读者更加高效地学习和理解相关内容。同时，通过数字化课程资源可以随时优化的特点，将不断拓展教材的内容。

第 2 章
XML 语法

本质上，XML 基本上是一种文档格式。XML 具有广泛的适用性，可用于不同程序间的数据交换、Internet 上和 Web 页面内部的文档格式设置，还可用作以人类可读的形式保存数据的手段。

与任何一种计算机语言类似，XML 包含自己的语法结构。XML 语法可以理解为一系列关于 XML 文档的规则。本章将介绍 XML 的语法结构，通过本章的学习，读者可以具备编写基本 XML 文档的能力。

2.1 XML 的相关工具

如同所有的数据格式一样，在学习 XML 具体的语法之前，了解 XML 文档如何编辑，处理程序如何读取 XML 文档并将其读取的信息传输给应用程序，以及这些应用程序是如何处理数据的，不仅有助于我们理解 XML 技术，更有助于我们在学习语法的过程中找到相应的工具进行对应的语法练习。

通常，一个 XML 文档的整个处理流程如图 2-1 所示。首先由一个编辑工具创建 XML 文档，然后由语法分析工具对 XML 文档结构及内容进行解析，并将处理结果传输给浏览器，最后由浏览器将文档内的信息显示出来。显然，XML 文档的处理过程涉及三类工具：XML 编辑工具、XML 解析器和 XML 用户端应用程序。

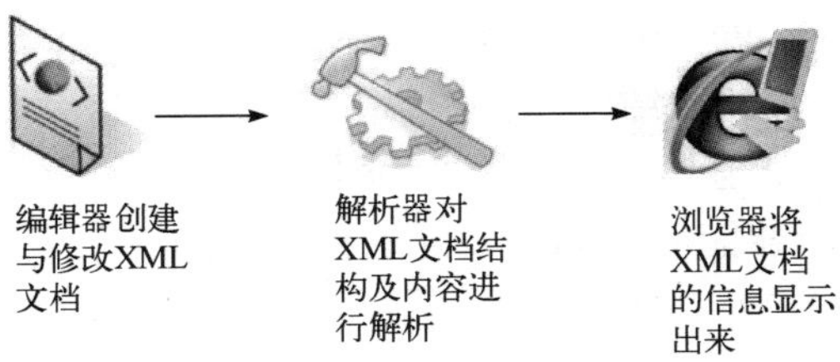

图 2-1　XML 文档处理流程

2.1.1　XML 编辑工具

抛开 XML 语法本身，XML 文档就是一个字符的集合，也就是可被简单地视为一个“文本”。因此，凡是可以编辑文本的工具都可以作为 XML 文档的编辑器。显然，在这类编辑器中编辑 XML 文档时，软件只是将 XML 文档作为纯文本格式进行编辑。为与专门针对 XML 语言开发的“XML 专用编辑器”相区分，我们把这一类编辑器称为“XML 普通编辑器”。

（1）XML 普通编辑器

将可进行文本编辑的软件工具称为“XML 普通编辑器”，其优点在于不需要额外安装特定的编辑软件，可以使用日常编辑文本的常规软件（如 Windows 记事本、写字板和 office 组件等）方便简单地创建和修改 XML 文档。

使用 XML 普通编辑器进行 XML 文档的创建时，首先新建一个与此编辑器对应的文本文档，然后将文本文档的扩展名修改为“.xml”即可（如图 2-2 所示）。在编辑 XML 文档时，只需要将其用相应的编辑器打开就可以直接修改其代码内容。

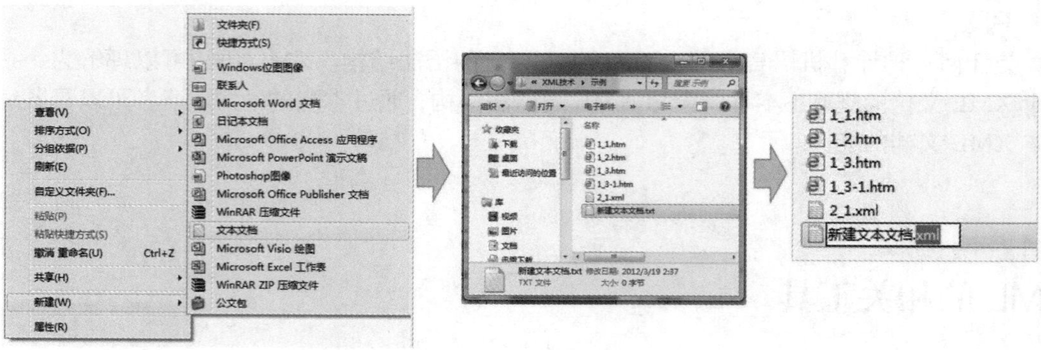

图 2-2　XML 普通编辑器创建 XML 文档的流程

显然，XML 普通编辑器是最基本的文本编辑器，也是最简单的 XML 编辑工具，有较多的选择。但这类编辑工具最大的缺陷在于无法理解 XML 语法，在编辑 XML 代码时不能帮助使用者及时发现代码错误、不能提供编写提示等。从这个角度来看，XML 普通编辑器是一个效率低下的 XML 编辑器。因此，对于一个专业的 XML 处理过程，我们推荐使用 XML 专用编辑器。

（2）XML 专用编辑器

XML 专用编辑器是专门针对 XML 语言而开发的专业编辑器。这类编辑器最大的特点是能理解 XML，能对 XML 文档进行严格的语法及合法性检查。同时，这类编辑器还具有较强的 XML 文档与数据的管理功能，可以实现“所见即所得”的编辑体验，也可以在结构化的编辑器中将 XML 文档显示为树状结构。通常选中 XML 树形结构中的一个节点时，就会显示出其相应的属性或数据内容，甚至可以直接去编辑这些内容。

通常，XML 专用编辑器能够自动地为开始标签添加结束标签，强制用户编写合法的 XML 文档，并能根据 DTD 或 XML Schema 来验证 XML 文档。对 XML 语法进行代码的颜色化显示，实现用户友好的编辑界面。常用的专用编辑器有：XMLSpy、Oxygen XML Editor、XML Pro 和 XML Copy Editor 等。

下面以 XMLSpy 软件为例来了解 XML 专用编辑器的一些基本功能。图 2-3 是 XMLSpy 软件中创建新 XML 文档的引导界面。通过该界面，不难发现，XMLSpy 软件可以创建出非常丰富的、适用于不同情况的 XML 文档。

图 2-3　XMLSpy 软件中创建新 XML 文档的引导界面

XMLSpy 作为专业的 XML 文档编辑器，它实现了对 XML 语法的理解，并对代码进行颜色化显示（如图 2-4 所示）。同时，还为最基本的 XML 文档编辑提供了非常丰富的编辑模式。例如，图 2-4 是 XMLSpy 在文本模式下显示与编辑 XML 文档的界面，也可以如图 2-5 所示，在栅格模式下显示与编辑 XML 文档，实现 XML 文档的结构化编辑。

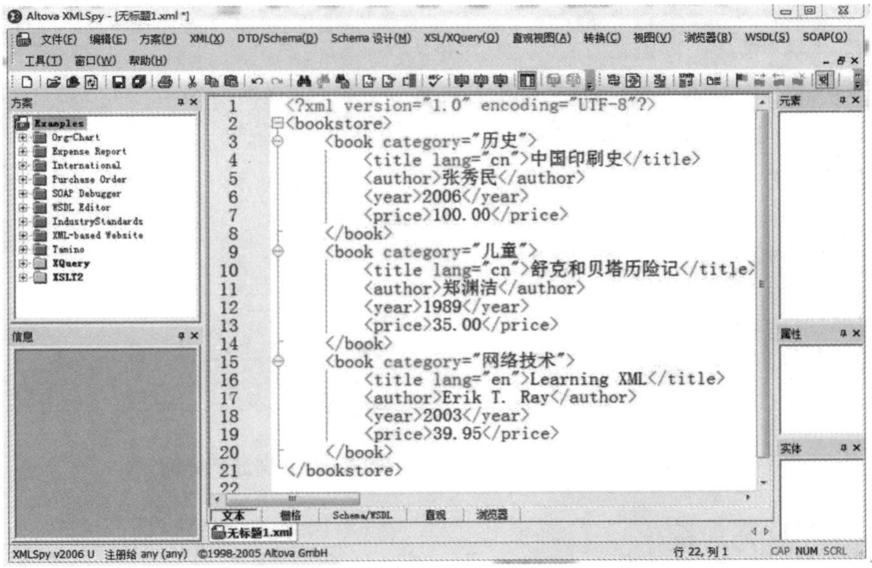

图 2-4　XMLSpy 文本模式下的 XML 文档编辑界面

为提高 XML 文档的浏览显示结果的验证效率，XMLSpy 可以在浏览器模式下显示 XML 文档，而无需切换到单独的浏览器中进行 XML 文档显示（如图 2-6 所示）。

除了强大的 XML 编辑与显示功能，XML 专用编辑器还有许多其他非常强大而实用的功能，我们可以在后续的学习中不断地去探索。

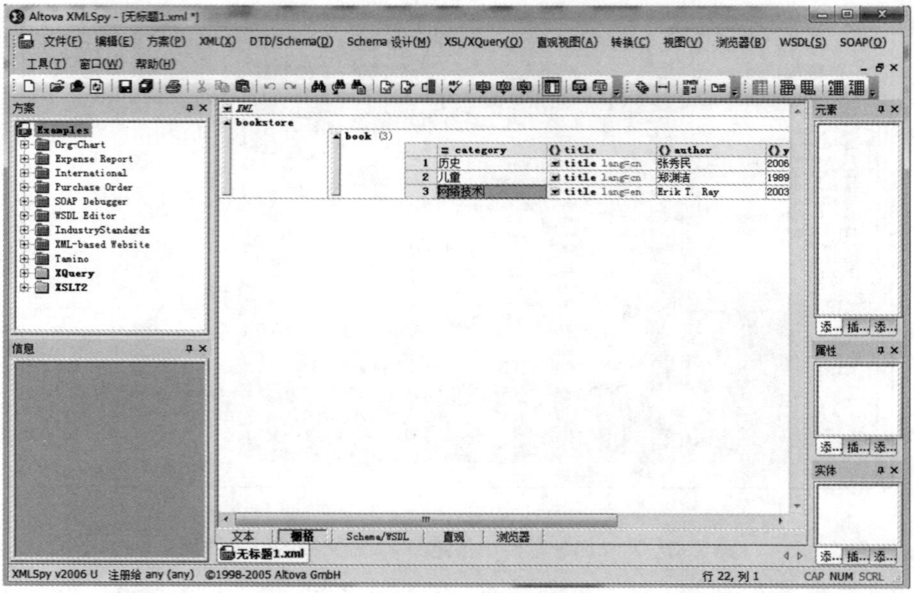

图 2–5　XMLSpy 栅格模式下的 XML 文档编辑界面

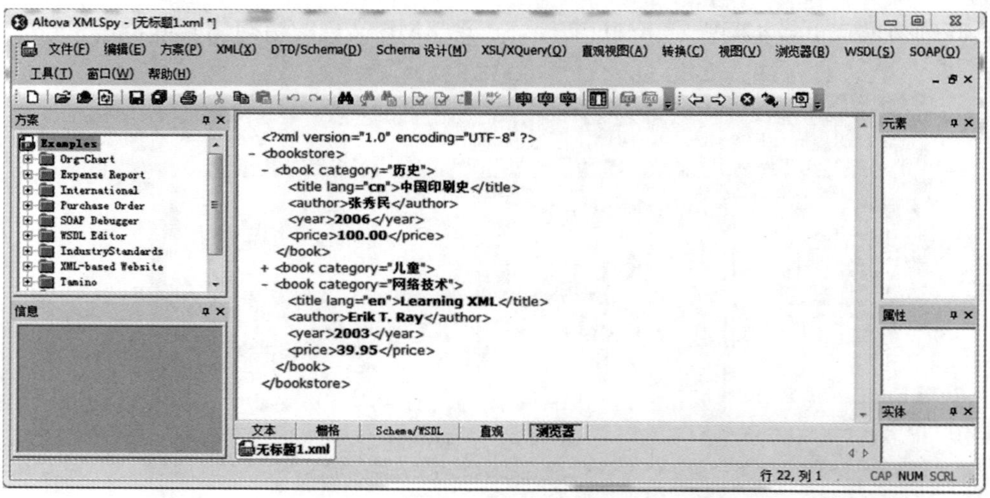

图 2–6　XMLSpy 浏览器模式下的 XML 文档显示界面

2.1.2　XML 解析器

XML 解析器也称为 XML 处理器，是 XML 的语法分析程序，即所谓的 XML 处理程序。它可以作为应用程序的一部分，也可以作为开发者自己程序的一部分，实现对 XML 文档结构及内容的解析。

XML 是一种用来结构化文档信息的标记语言，XML 规范中对于如何标记文档的结构有详细的法则，XML 解析器就是根据这些法则写出来的软件。XML 解析器的主要功能是解析 XML 文件中的数据结构，以便程序可以轻松地读取和操作文件中的数据。

XML 解析器可以提供多种解析方式，包括事件驱动解析和树状解析。事件驱动解析逐行读取 XML 文件，并在读取到特定事件（如开始标记、结束标记、属性等）时触发相应的回调函数，以便程序可以处理相应的事件。树状解析可以根据 XML 文件中的标记和属性将数据分解为相应的元素和属性，并根据其层次结构形成一种分层的树状结构表示形式，将整个 XML 文件解析为一个树状结构，程序可以通过遍历树来访问和处理 XML 文件中的数据。

XML 解析器在解析 XML 文件时，首先提供错误处理和验证功能，检查 XML 文件结构是否完整、是否有结构上的错误，检测和报告 XML 文件中的语法错误和结构错误。然后，剥离 XML 文件中的标记，读出正确的内容，并交给后续的应用程序，以便程序可以轻松地读取和操作文件中的数据。

XML 解析器还要确定 XML 文件的有效性，可以验证 XML 文件是否符合指定的文档类型定义（DTD）或 XML 模式定义（XML Schema），并报告不符合规定的错误和警告。

常见的 XML 解析器包括 Java 语言中的 DOM 解析器和 SAX 解析器，Python 语言中的 ElementTree 解析器和 SAX 解析器，以及 C++语言中的 TinyXML 解析器和 RapidXML 解析器等。

总之，XML 解析器是一种用于解析和处理 XML 文件的软件工具，它可以解析 XML 文件中的数据结构，并提供相应的 API（应用程序接口）和功能，以便程序可以轻松地读取、操作和验证 XML 文件中的数据。

2.1.3　XML 用户端应用程序

根据 XML 文档处理流程，XML 解析器会将 XML 文档结构传输给用户端应用程序。用户端应用程序接收到语法分析和处理程序传过来的树状结构或树的节点后，对其进行相应处理，如果应用程序是浏览器（如 360、Chrome、Edge、Safari 等），那么就将数据显示给用户。如果接收数据的是其他程序（例如，将 XML 数据进行样式化出版的 Java 程序），则根据程序的要求进行相应的处理。由于 XML 是非常灵活的，因此可以用于许多不同的目的。

目前，商业化的 Web 浏览器都能成为 XML 浏览器，因为其内部都含有供读取和操作 XML 的 XML 解析器，以实现对 XML 的支持，能够理解 XML、检查 XML 的格式。一个真正的 XML 浏览器，除了支持 XML，还必须支持串联样式表 CSS 和可扩展样式表语言 XSL，以及 JavaScript 等脚本语言，以支持对 XML 多样而灵活的处理。

2.2 XML 文档的基本结构

在学习一门新的计算机语言时，从一个完整且简单的例程入手，将会让我们直观而快速地了解这门语言的基本情况。例程 2-1 是一个完整的 XML 文档。由于自定义的标记而带来的自我描述性，用户通过对该文档的阅读可以很容易地理解到，这个 XML 文档是一个描述消息便签内容的示例。该文档中包含了消息的接收者、发送人、消息标题和消息内容这些信息。

例程 2-1：

```
<?xml version="1.0" encoding="UTF-8"?>
<!-- 这是第一个注释-->
<note>
    <to>XML</to>
    <from>Human</from>
    <heading>HELLO</heading>
    <body>Hello，XML World!</body>
</note>
```

总体上说，XML 文档的语法比较简单。XML 文档由许多具有不同作用的标记构成各类要素。有些标记具有声明的意义，有些标记具有注释作用，而主要的是包含数据的标记。这些要素的组织方式就是我们所要讨论的 XML 文档的结构。

依照 XML 语法，一个语法正确的 XML 文档至少由 2 部分组成。第一部分为 XML 声明，第二部分为文档实体。此外就是根据需要可选的注释、DTD 声明等。在例程 2-1 中，则是包含了三部分，它们依次是：XML 声明、注释和文档实体。

2.2.1 XML 声明

每个 XML 文档都必须从 XML 声明开始。例程 2-1 中：

```
<?xml version="1.0" encoding="UTF-8"?>
```

就是 XML 声明代码。XML 声明也被称为序言部分，或称为 XML 标头信息。XML 声明表示这个文档的开始，它是 XML 规范中规定每一份 XML 文档必有的一项声明，并且必须出现在 XML 文档的第一行。实际上，XML 声明的主要作用是告诉 XML 解析器，将 XML 中的某些标记交由某个事先制作好的程序来解释。因此，在上述的 XML 声明中，“< ”告诉 XML 处理程序这是指令的开始，“ >”告诉 XML 处理程序这是指令的结束，“version” 伪属性（由于 XML 声明并不是一个元素，因此把此处的属性称为伪属性）指明了 XML 规范的版本号是“1.0”，“encoding”伪属性指明了该文档编码使用 UTF-8 字符集。

在 XML 声明中，版本号信息是必不可少的，编码信息则是可选的。如果编码信息存在，则只能放置在版本号信息后。当“encoding”伪属性缺省时，XML 默认采用的是 ASCII 码字符集编码。也就是说，编码信息缺省时，XML 文档中只可出现英文字符。如果此时使用中文，则会在程序处理中产生错误或是在结果数据中产生乱码。

由于 XML 主要是以文本字符为基础的语言，因此，在设计之初就采用 Unicode 作为文字处理的基本技术，以实现良好的跨平台性。Unicode 是国际标准字符集，于 1990 年开始研发，在 1994 年被正式公布。它主要由 ASCII 码扩充而成，可以支持目前世界上所有在使用的语言编码。Unicode 为每种语言中的每个字符设定了统一并且唯一的二进制编码，以满足跨语言、跨平台进行文本转换、处理的要求。

Unicode 字符集的编码范围是 0x0000～0x10FFFF，可以容纳一百多万个字符，每个字符都有一个独一无二的编码，即每个字符都有个二进制数值和它对应，这里的二进制数值也叫码点（也就是标量值）。如：汉字“中”的码点是 0x4E2D，大写字母“A”的码点是 0x41。具体字符对应的 Unicode 编码可以查询 Unicode 字符编码表。

Unicode 字符集只规定了每个符号的二进制值，但是符号具体如何存储它并没有规定。Unicode 转换格式（unicode translation format，UTF）则负责将 Unicode 码点以特定的码元存储在计算机中，对应字符编码模型中的第三、四层（字符编码形式和字符编码方案）。

Unicode 字符集的编码范围是 0x0000～0x10FFFF，因此，需要 1 到 3 个字节来表示。如果所有字符都用三个字节表示，那么对于那些一个字节就能表示的字符来说，有两个字节是无意义的，对于存储来说，这是极大的浪费。假如，一个普通的文本，大部分字符都只需一个字节就能表示，现在如果需要三个字节才能表示，文本的大小会大出 2 倍左右。因此，UTF 使用多种存储方式以适应不同长度的 Unicode 码点（如图 2-7 所示）。常见的存储形式有：UTF-16、UTF-8 和 UTF-32。UTF-*X* 中的 *X* 表示码元的宽度（比特数）。其中，UTF-8 以字节为单位对 Unicode 进行编码，有可能是用一个字节表示一个字符，也可能是两个或三个，但最多不能超过 3 个字节。对应地，UTF-16 和 UTF-32 分别需要最少 2 个字节和 4 个字节来存储。因此，UTF-8 更适用于处理英文。UTF-16 是以两个字节为单位对 Unicode 进行编码，适用于处理除英文以外的语言。

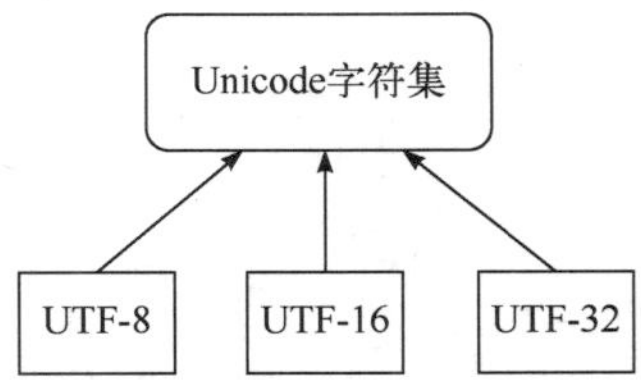

图 2–7　Unicode 字符集与 UTF 的关系

除了 UTF 编码方式以外，用户也可以采用自己所熟悉的方式编码。例如，文档中使用了英文和简体中文，就可以使用 GB2312 编码方式。如果 XML 文档中使用了英文和繁体中文，用户就可以使用 BIG5 编码方式。总而言之，在 XML 文档中一定要注意：使用的数据字符要与声明中的编码方式相符合。否则，XML 处理程序就无法解析而发生错误，结果数据可能因此空白或成为乱码，也可能不被浏览器打开。

需要注意的是，在实际工程应用中，这些字符解析问题的处理还依赖于浏览器的容错纠错能力。由于现在的浏览器的容错纠错能力较强，通常会发现在使用了与文本实际不符的编码方式的情况下，在被浏览器打开时，不但没有报错，还能正常显示出来。但是，这并不代表我们使用错误的编码方式是符合 XML 语法规则的。

2.2.2　文档实体

文档实体也称为文档体，它实际上是文档实例集合（document instance set，DIS），这是 XML 文档中真正包含数据（信息）的位置，也就是 XML 文档的数据部分。显然，应用间传输 XML 文档的目的就是传输这部分数据。因此，文档实体是 XML 文档的主体。由于这部分标记数据非常多，因此被称为集合。

例程 2-1 中，“<note>”和“</note>”之间的部分就是该 XML 文档的文档实体。XML 文档实体的第一个元素被称为根元素，出现在实体第一行的标记是根元素的开始标签，文档实体的最后一行的标记是根元素的结束标签，定义了根元素的结束。例程 2-1 中，“<note>”就是此文档根元素的开始标签，“</note>”是根元素的结束标签。结束标签相较于开始标签，区别在于多了一个“/”。作为一个语法正确的 XML 文档实体，有且仅有一个根元素是最基本的一个语法要求。

在根元素的开始标签和结束标签之间，则可包含其他元素或文本数据等。例程 2-1 中，根元素“note”包含了 4 个子元素，它们分别是“to”、“from”、“heading”和“body”。这些子元素在本示例中完成了对标签具体信息的描述，并且这些元素间的包含与被包含的逻辑关系形成了被描述数据的语义关联信息。也就是 XML 文档自身通过标签，实现了 XML 文档数据的自我描述。不仅人类能读懂 XML 文档，计算机也能通过解析标签来对文档数据进行处理。因此，XML 文档被看作文档的数据库化和数据的文档化。

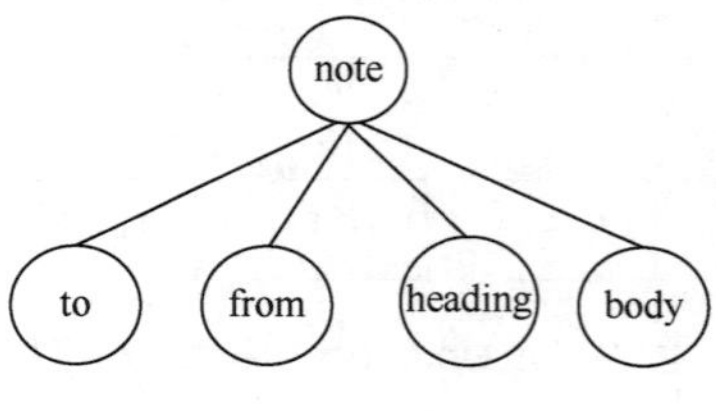

图 2–8　树状的数据结构

整体地来观察 XML 文档实体的逻辑结构，我们可以把 XML 文档的逻辑结构看作由包含大量信息的数据按照层次关系组织起来的结构，数据可能会作为元素的文本数据或者属性的属性值出现在树状结构中，这就构成了一个树状结构，即 XML 文档的逻辑结构是一个树状结构，如图 2-8 所示。

树状结构中，树的根节点是根元素，树的子节点是子元素，即树的节点辈分关系与 XML 的元素的逻辑关系是一致的。XML 描述的数据可能会作为元素的文本数据或者属性的属性值出现在树状结构中。XML 文档实体的树状结构是一种很清晰的层次关系，利用这种关系可以轻松地遍历 XML 文档的每个元素，并实现相应的操作。

2.2.3　XML 注释

XML 注释为文件和数据提供说明，并且被处理程序所忽略。其实在各类编程语言中都有注释。例程 2-1 中：

<!-- 这是第一个注释-->

就是一个 XML 文档的注释。XML 注释以“<!-- 注释内容 -->”来标识，以“<!--”表示 XML 注释的开头，以“-->”表示 XML 注释的结尾，“注释内容”是显示在 XML 注释中的文本，其内容不能包含连续的两个连字符（--）或以与结束标记相邻的连字符结尾。此外，XML 注释还需要注意以下几点：

①注释不能出现在 XML 声明之前。

②注释不允许出现在标记中，必须是一条单独的语句。

③注释不能嵌套和重叠使用。

在例程 2-1 的基础上，我们可以添加更多的注释，以说明该文档各部分的元素，可以形成例程 2-2 的代码内容。该例程在 Chrome 浏览器中的显示效果如图 2-9 所示。

例程 2-2：

```
<?xml version="1.0" encoding="UTF-8"?><!--  这是 XML 声明-->
<!--  这是第一个注释-->
<!--  文档实体的开始-->
<note> <!--  根元素的开始标签-->
    <to>XML</to>
```

```
    <from>Human</from>
    <heading>HELLO</heading>
    <body>Hello，XML World!</body>
</note><!-- 根元素的结束标签-->
 <!-- 文档实体的结束-->
```

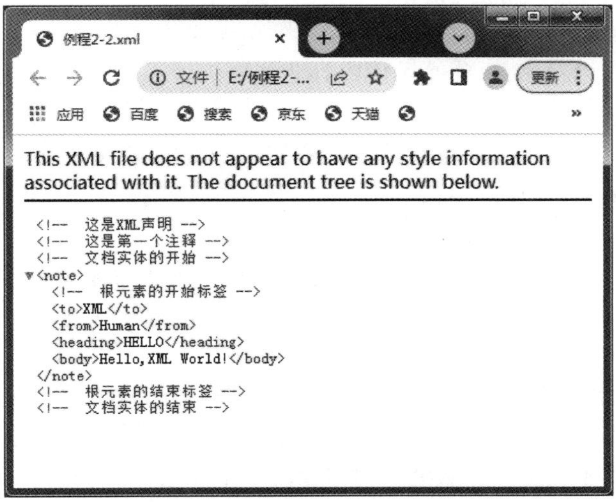

图 2-9　例程 2-2 在 Chrome 浏览器中的显示效果

2.3 XML 文档基本语法

2.3.1　XML 元素的标签

XML 标签是在 XML 文档中用于标识元素的记号，是 XML 文档中基本的数据单位，也称为标记。根据标签的功能，可以将 XML 标签分为：开始标签、结束标签和空元素标签。顾名思义，开始标签是用于标识一个元素的开始，结束标签则用于标识一个元素的结束，空元素标签是用于专门标识空元素的标记。

XML 元素按照在开始标签和结束标签之间是否包含文本数据或子元素，可以分为非空元素和空元素。其中，非空元素由一个开始标签和一个结束标签以及标签间的文本字符数据或子元素组成。空元素则是在开始标签和结束标签之间不存在文本字符数据和子元素，它可以由专门的空元素标签代替。

对于每一个标签，都是以“<”开始，并以“>”结束。基于数据类别分割的视角，“<”和“>”在 XML 文档中又被称为分隔符，它们将标签从 XML 文档的文本字符数据中区分出来。

一个不包含属性的开始标签的语法格式如下：

<tag_name>

该语法中，“tag_name”为标签名，也就是 XML 元素的名称。

结束标签相较于开始标签的区别在于多了一个“/”，其具体的语法格式如下：

</tag_name>

需要注意的是，开始标签与结束标签是成对出现的，这也意味着结束标签的名称必须和开始标签相同且大小写敏感。如例程 2-3 所示。

例程 2-3：

一对正确的开始标签与结束标签（该内容非程序内容）

<note>　　</note>

一对不正确的开始标签与结束标签，尽管它们所表示的语义是一样的（该内容非程序内容）

<note>　　</Note>

在 XML 中，空元素是元素中的一类特别的元素，在开始标签和结束标签之间没有包含内容，即不存在文本字符数据和子元素。因此，空元素的语法格式为：

<tag_name></tag_name>

显然，因为在开始标签和结束标签之间没有包含内容，这个空元素的语法格式使用了非空元素的开始标签和结束标签就显得有些冗余。因此，为了简化空元素的标签标识，让 XML 文档更加简明，XML 标准提供了一个简明的专用于空元素标识的语法格式：

<tag_name/>

使用专用的空元素标签标识空元素是被优先推荐的，但使用非空元素的开始标签和结束标签来标识也是合法的。它们的关系是等价关系。例程 2-4 中就是两个完全等价且合法的 note 空元素。

例程 2-4：

使用非空元素的开始标签与结束标签来标识“note”空元素（该内容非程序内容）

<note></note>

使用空元素标签来标识“note”空元素（该内容非程序内容）

<note/>

学习到这里，我们是否有个疑问：作为空元素，它不包含文本字符数据和子元素，那它是否真的没有办法描述具体的信息了吗？如果真是这样，那么空元素在 XML 文档中就没有存在的必要了。

其实，在 XML 文档中，除了使用元素包含的文本数据来描述具体信息外，还有一个重要的信息载体就是 XML 属性。通常。在空元素中，都会加入一些 XML 属性来描述信息。

在学习完 XML 元素的基本语法后，我们还需要注意 XML 语法中规定的 XML 元素使用规则，主要有以下四条：

①一个 XML 文档必须至少有一个 XML 元素；

②一个 XML 文档有且仅有一个 XML 根元素；

③XML 元素名就是元素的标签名，取名时需遵循 XML 命名规则；

④XML 元素在文档中的标签（开始标签与结束标签）嵌套不能出现交叉嵌套的情况。

2.3.2　XML 属性

XML 属性是在描述标记，或说它是标记的属性。使用属性的目的是在元素中提供额外的信息。XML 属性是由等号分割的一个名称—值对，属性名称和属性值分别为一个字符串，其语法格式是：

attr_name="attr_value"

其中，"attr_name"为属性名称；"attr_value"为属性值，用双引号（或单引号）括起。工程实践中，用户更习惯使用双引号。

例程 2-5 中，定义了一个属性名称为"date"的属性，其属性值是 1949-10-01 这样一个字符串。其语义是，描述了 1949 年 10 月 1 日这个日期信息。

例程 2-5：

```
date="1949-10-01"
```

每个 XML 元素都可以拥有自己的属性。并且，属性的数量可以是任意多个。但是，一个元素不能有两个同名的属性。也就是说，一个元素可以有多个属性，这些属性不重名即可。

当属性应用于非空元素时，它只能出现在元素的开始标签内，其属性设置的格式是：

```
<tag_name attr1_name="attr1_value" attr2_name="attr2_value"…>
    元素内容（文本数据或子元素）
</tag_name>
```

值得注意的是，属性所在位置隐喻了其描述信息的归属关系。这就说明了，在 XML 文档中，属性不仅需要通过名称—值对完成一个信息段的描述，同时还必须明确它的信息是给哪个元素附加的，也就是归属关系要能够定义出来。XML 语法则是通过属性所在的位置，巧妙地隐喻了该信息的归属关系。这使得 XML 文档变得简洁明了。这种通过位置隐喻归属关系的方法，是值得我们在其他信息描述中进行借鉴的。

例程 2-6 中，给第一行的"note"元素定义了一个属性名称为"date"的属性，给"note"元素添加了日期这个附加信息。即它的语义是，描述了一个于 1949 年 10 月 1 日发出的消息元素。在第二行的"note"元素中，"note"元素拥有了"ID"和"date"这两个属性。这两个属性间用了空格进行分隔。

例程 2-6：

```
<note date="1949-10-01">新中国成立了！</note>
<note ID="1949001" date="1949-10-01">新中国成立了！</note>
```

XML 属性在空元素中是非常重要的。因为在空元素中，属性是用于描述具体信息的唯一途径。当空元素采用专门的空元素标签时，属性需要放置在空元素标签的标签名和"/"之间，其属性设置的格式是：

<tag_name attr1_name=“attr1_value” attr2_name=“attr2_value” …/>

例程 2-7 的代码中，则是在“note”空元素中定义了相关属性，从而通过“ID”属性和“date”属性进行了附加信息的添加。

例程 2-7：

```
<note date="1949-10-01"/>
<note ID="1949001" date="1949-10-01"/>
```

在很多工程应用中，在 XML 文档中往往会出现多个同名称的元素。那么，给同名称的每个元素指定一个 ID 属性常常是有用的。因为 ID 属性值是文档中仅隶属于元素的、具有唯一性的字符串，并且该字符串可用于不同的目的。例如通过 ID 属性值唯一标识元素或者通过 ID 属性值进行元素的检索等。

2.3.3 XML 子元素与属性的应用

通过前面的学习，大家可能已经发现：属性可以提供信息，而 XML 元素中就含有数据信息。如果要提供信息，就可以在元素中直接通过增加子元素的方法实现，那么为什么还要用属性呢？因为属性和子元素都是描述信息的可行方式。这就带来了一个问题：什么情况下使用属性，什么情况下使用子元素？

实际上，XML 语法中，并没有什么严格规则告诉我们，什么时候该使用属性，而什么时候该使用子元素。通常要看哪一种方式更适合应用的需要。一般来讲，使用属性语法，会使标记显得简洁明了。一个较好的经验规则是，数据本身应当存储在元素中，而有关数据的信息，即元数据，应当存储在属性中。如果还不知道怎么选择时，就把信息放在元素中。

使用属性有时是很有意义的。首先，因为元素可以有子结构而属性没有，所以属性非常适用于那些不需要子结构的简单数据。例如，在图像信息标记中的 “长”“宽”“分辨率”“色彩模式”等属性。属性也适用于提供与文档有关，而与文档内容无关的简单信息。例如，给每一个元素指定一个 ID 属性常常是有用的，这是文档中仅隶属于元素的唯一字符串，该字符串可用于不同的目的。此外，属性还适用于提供其子元素共有的信息，从而简化元素结构，减少信息冗余。再有就是，属性适用于提供 ID 号、URL、参考资料及其他与读者不直接相关的信息。

需要特别注意的是：例程 2-8 和例程 2-9 是将“<note date=“1949-10-01”/>”通过子元素方式进行日期信息的描述。在例程 2-8 中，将日期信息通过“date”元素作为“note”元素的子元素进行信息描述。在例程 2-9 中，则进一步在“date”元素中添加“day”、“month”和“year”子元素，从而实现日期信息更细的信息颗粒度的标识。

例程 2-8：

```
<note >
   <date>1949-10-01</date>
</note>
```

例程 2-9：

```
<note >
  <date>
    <year>1949</year>
    <month>10</month>
    <day>01</day>
  </date>
</note>
```

显然，这两种形式在文档的简洁程度方面是不同的，同时在后期信息处理的简便程度方面也是不一样的，各有千秋。因此，具体使用哪种方式进行信息描述，还是需要根据用户的需求来进行决定。

2.3.4　XML 的命名规则

XML 元素的命名是非常自由的，它允许用户使用自己熟悉的语言，比如中文、英文等进行命名。但是，任何绝对的自由都将带来灾难性的后果。所以，XML 语法对 XML 元素的命名也制定了一些规则，以确保在自定义命名时能够很好地实现信息的描述与处理。这些命名规则为：

①名称的第一个字符必须是英文大小写字符（a～z，A～Z）或下划线字符（_）；

②名称中除第一个字符外，可以含英文大小写字符、数字（0～9）、下划线字符、句点字符（.）以及连字字符（-），但不能包含其他的符号，如%、&、/、>、<或^等；

③名称不能包含空格（在浏览器中，将会把空格后面的字符识别为属性名称）；

④名称不能以任何形式的“xml”字符组合开始；

⑤名称字符是大小写敏感的。

例程 2-10 中，各元素的开始标签中由于其名称都不符合 XML 的命名规则，因此它们都是不合法的。

例程 2-10：

名称中包含空格（该内容非程序内容）

```
<book shop>
<书      店>
```

第一个字符不是英文字母或下划线（该内容非程序内容）

```
<-book_shop>
```

名称中使用了不合法字符&（该内容非程序内容）

```
<book&shop>
```

第一个字符不是英文字母或下划线（该内容非程序内容）

```
<101book_shop>
```

名称不能以任何形式的 xml 字符组合开始（该内容非程序内容）

<Xml>

为了使 XML 元素名称具有较好的描述性，除了名称具有贴切的意义外，在工程实践中还应注意以下几方面的问题，以养成良好的命名习惯：

①名称应当比较简短，比如<book_title>，而不是<the_title_of_the_book>。

②避免“-”字符。例如“book-shop”，一些软件会认为用户需要提取第一个单词。

③避免“.”字符。例如“book.shop”，一些软件会认为“shop”是对象，是“book”的属性。

④避免“:”字符。冒号会被转换为命名空间来使用。

⑤XML 文档经常有一个对应的数据库，其中的字段会对应 XML 文档中的元素。有一个实用的经验，即使用数据库的命名规则来命名 XML 文档中的元素。

⑥非英文的字母，比如 éòá 也是合法的 XML 元素名称，不过需要留意当软件开发商不支持这些字符时可能出现的问题。

需要注意的是，有关元素命名的这些规则也同样适用于 XML 的其他要素，如属性、实体等的命名。

2.4 格式良好的与有效的 XML 文档

2.4.1 格式良好的 XML 文档

XML 除了标准定义之外，几乎任何标记的设置都可以自行定义。在自由设置的条件下，XML 提供一些特定的规则，用户所创建的 XML 文档只有符合这些规则，解析器才会处理。

因此，用户在创建 XML 文档时，必须使 XML 文档具有规范的格式。所谓格式规范就是指 XML 文档要符合 XML 的语法，也就是关于 XML 的符号和结构规则。换句话说，就是 XML 文档没有语法错误。只有这样的 XML 文档，XML 解析器才可以识别，即称该 XML 文档是“可解析的”。同时，我们把这类“可解析的”XML 文档称为“格式良好的 XML 文档”。

在所有的 XML 专用编辑器中，都会有检查 XML 文档是否为格式良好的 XML 文档这一功能。图 2-10 展示了 XMLSpy 软件中的“检查格式良好”检测功能。在软件加载 XML 文档后，点击工具栏中的“检查格式良好”按钮，软件就会使用内置的 XML 解析器自动地对 XML 文档进行语法检测。检测结果会在文本框中直观地显示。如果出现语法错误，会用文字说明语法的问题，并在文档编辑界面中将光标跳转到出现错误的地方，直观地提示用户语法错误发生的位置。

实际上，任何具有 XML 解析器的软件，在接收到格式不规范的 XML 文档时，XML 解析器都会产生错误信息。因此，并不是只有 XML 专用编辑器具有“检查格式良好”检测功能。例如，我们目前使用的网页浏览器，在加载格式不规范的 XML 文档时，就会报错。图 2-11 显示的是 Microsoft Edge 浏览器在加载 XML 文档时，发现开始标签“note”与结束标签“Note”不匹配的问题。

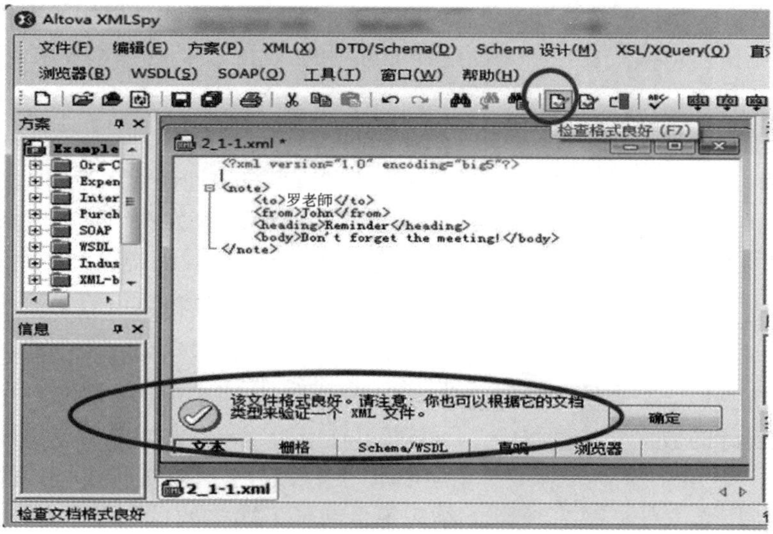

图 2-10　XMLSpy 软件中的“检查格式良好”检测功能

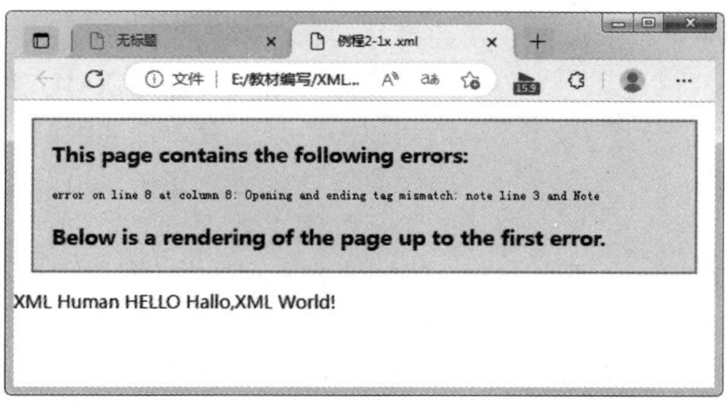

图 2-11　Microsoft Edge 浏览器中的“检查格式良好”检测功能

那么，什么样的规范格式是在创建 XML 文档时必须遵守的呢？实际上，前面已经介绍过了关于 XML 文档结构和符号的一些规则。在这里，将前述的 XML 语法进行归纳整理后，可以形成 XML 文档的 8 条规则：

①XML 文档的开始必须是 XML 必要声明；

②XML 文档有且仅有一个根元素；

③含有数据的非空 XML 元素必须有开始标签和结束标签；

④不含数据的空元素要正确使用空元素标签；

⑤XML 标签对大小写敏感；

⑥XML 元素必须被正确嵌套，不能交叉；

⑦XML 属性值必须加引号；

⑧XML 文档中，不能直接使用<、>、&、'和 "这 5 个字符，需要使用时，需要使用对应的实体引用（这部分内容，我们在 DTD 相关内容中进行详细介绍）。

只要用户创建的 XML 文档符合上述 8 条规则，则该文档就被称为格式良好的 XML 文档，才能被 XML 解析器正确解析。只有如此，这个 XML 文档才是可用的文档。因此，我们不难得出这个结论：“格式良好”是创建一个可用的 XML 文档的基本要求。

2.4.2 有效的 XML 文档

XML 作为一种元标记语言，人们可以使用这种语言自由地创建属于自己的标记集。但是在实际应用中，如果所有人都试图用自己定义的那一套标记来发布 XML 文档，那么最终导致的结果是谁也无法有效地获得信息。这样就违背了 XML 的设计初衷——面向数据交换（传输和存储数据），使用合法标记来描述数据的结构和语义，使得其更容易被计算机处理。这就好比来自不同地区的人都在使用自己的方言进行交流一样，结果必然是彼此都无法理解，这就需要使用统一的语言来统一我们信息的表达方式，从而实现高效的信息交流。

因此，在实际的数据交换过程中，一份真正有用的 XML 文档除了要被设计为格式良好的 XML 文档以外，还需要让文档中的元素、属性和结构等是满足了期望的（合法的）特定构建要求（规则）的。在 XML 标准中，将这类进一步满足了特定的构建要求的格式良好的 XML 文档称为“有效的 XML 文档”，这类特定的构建要求被称为有效性约束。

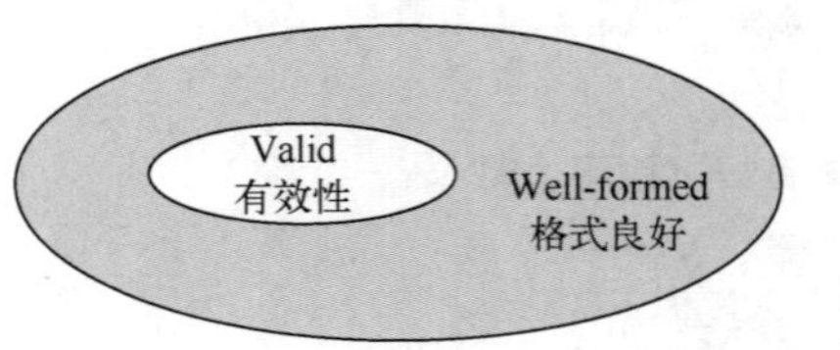

图 2-12 “有效性”与“格式良好”之间的关系

显然，格式良好的 XML 文档与有效的 XML 文档间的关系是：有效性的限制比格式良好的限制多，或说有效性是建立在格式良好的基础之上。二者之间的关系如图 2-12 所示。

合法构建要求的信息包含了两个方面的构建要求：首先，限定了每个元素的名称；其次，每个元素可以包含的元素、相同元素的数量、元素出现的顺序以及属性的相关设置等约束信息。在 XML 语法中，合法构建要求的信息可以通过 DTD 和 XML Schema 这两种格式进行描述。

和“检查格式良好”功能一样，XML 专用编辑器也具有“有效性”检测功能。类似地，在软件加载 XML 文档后，点击工具栏中的“验证文件”按钮，软件就会使用解析器对 XML 文档的有效性进行验证。图 2-13 展示了 XMLSpy 软件中的“有效性”检测功能。

显而易见的是，在验证“有效性”时，必须同时给出 XML 文档和合法构建要求的信息。图 2-13 中的示例是将包含合法构建要求的信息的 DTD 写入 XML 文档内部，而不需要单独再去指定外部的文件。

与“检查格式良好”功能不一样，大部分网页浏览器，不具有 XML 文档的“有效性”检测功能。图 2-14 展示的是 IE 浏览器显示含有直接写入 DTD 的 XML 文档的结果，它并不会把 DTD 代码展开进行详细显示。也许，这是因为它不具有“有效性”检测功能，因此，展示 DTD 代码就没有太大的意义了。如果用户想要查看具体的 DTD 代码，则可以通过图 2-15 所示的方法，利用“查看源文件”的方式查看 DTD 源代码。

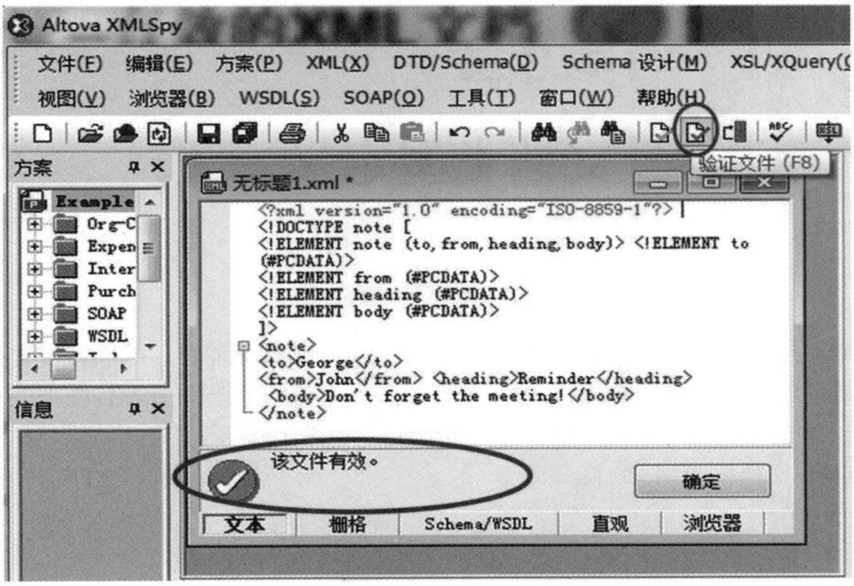

图 2-13　XMLSpy 软件中的“有效性”检测功能

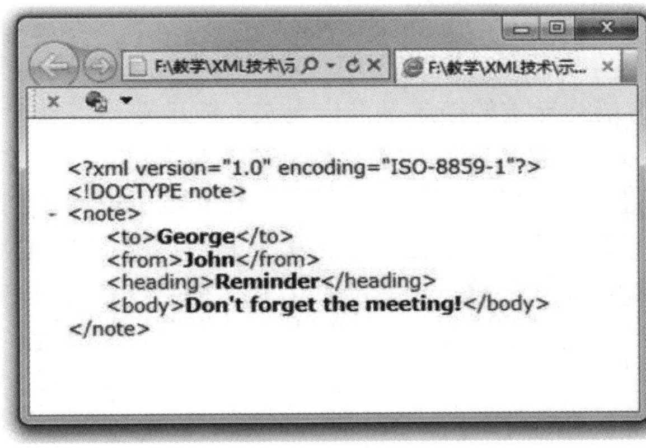

图 2-14　IE 浏览器中显示含有直接写入 DTD 的 XML 文档的结果

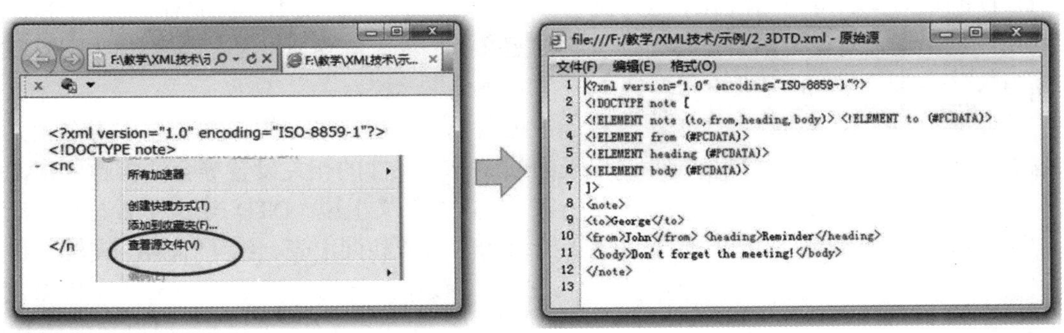

图 2-15　IE 浏览器中通过“查看源文件”查看 DTD 源代码

第3章

文档类型定义

使用 XML 结构化地组织数据，只是实现了信息的结构化储存。然而要实现高效率的接口间的数据交换，则要保证 XML 文档是有效的。DTD 就是为保证 XML 文档的有效性而引入的一种验证机制。本章在概述 DTD 作用的基础上，详细介绍了 DTD 结构及语法内容，以及如何在 XML 文档中使用 DTD。

3.1 DTD 的概述

由于 XML 的可扩展性，用户可自由地使用 XML 语法定义一套标记来描述特定信息从而构建 XML 文档。但是在实际的工程应用中，如果所有人都试图用自己定义的那一套标记来发布 XML 文档，那么最终导致的结果是谁也无法有效地获得信息。

因此，为了实现高效的信息传输，除了要设计格式良好的 XML 文档以外，还必须包含一套机制，这套机制通过设置特定的规则来描述 XML 文档，进而控制 XML 文档结构。即用户需要根据实际的信息描述需求，自定义出某类信息应该遵循的 XML 架构，形成定义文档的格式规则来明确 XML 文档的格式。基于此方式，就可实现在某个特定应用范围内进行标准化的、基于 XML 的信息描述，进而实现数据传输接口间标准化的数据传输。显然，这样便达到了自由与约束的平衡，不仅发挥了 XML 的自由可扩展性优势，同时又实现了基于约束的标准化数据的存储与传输。

文档类型定义（document type definition，DTD）正是为了实现对 XML 文档的整体架构[元素（标签）、元素属性、层次关系、元素出现次数、出现的顺序、实体等]进行定义而引入的。DTD 的概念本身源于 SGML，是为 SGML 而设计的，早于 XML 的出现时间。由于 DTD 可以在一定程度上对标记语言进行整体架构的定义，因此，在 XML 语言诞生初期，DTD 被推荐为 XML 架构约束的定义语言。

正如图 3-1 所示，DTD 提供了一套检验数据的语言，在 DTD 中详细描述了每个元素可以包含的元素、相同元素的数量、元素出现的顺序以及属性的相关设置等合法构建要求的信息。从这个意义上说，DTD 定义了置标语言、文档结构的语法和词汇表，给予 XML 文档一种格式要求，使用户知道所使用的 XML 文档需包含哪些标记、属性和实体。反过来，用户又可将 DTD 作为一个语法分析器，检验一个已有的 XML 文

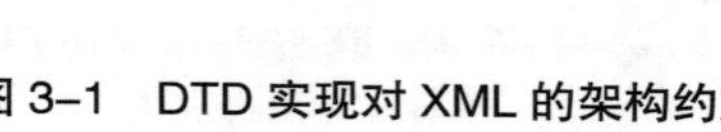

图 3–1　DTD 实现对 XML 的架构约束

档是否符合特定的架构约束。通过这样一套验证机制，可以确保 XML 文档是有效的。

通过 DTD，每一个 XML 文档均可携带一个有关其自身格式的描述。独立的团体则可一致地使用某个标准的 DTD 来交换数据。对于应用程序也可使用某个标准的 DTD 来验证从外部接收到的数据（如图 3-2 所示）。因此，用户可以使用 DTD 来验证自身创建的 XML 文档是否是有效的。

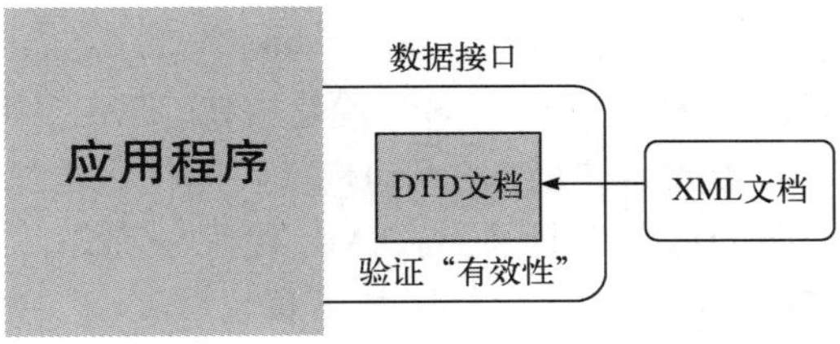

图 3–2　DTD 为应用程序提供一套 XML 文档“有效性”验证机制

3.2 DTD 的调用

DTD 文档的声明语法与 XML 的声明语法不同，使用的是一套专有的 DTD 语法。在使用 DTD 时，就必须要实现 XML 文档与 DTD 文档的关联。较常见的关联方式有：一种是直接将 DTD 插放在 XML 文档中和 XML 元素放在一起，简称为“内部 DTD 的声明”；另一种方式则是在 XML 文档中使用特定语句实现与外部独立的 DTD 文档的关联，简称为“外部 DTD 的声明”。此外还有一种混合的方式，XML 文档同时使用上述两种方式，以建立更复杂的 DTD 内容。

3.2.1　内部 DTD 的声明

内部 DTD 的声明，就是将 DTD 定义语言的详细内容书写在 XML 的文档类型声明中。例程 3-1 是一个内部 DTD 的声明的完整代码示例。在这个示例中，XML 声明之后、根元素之前的这部分代码即为 DTD 声明代码。

例程 3-1：

```
<?xml version="1.0" encoding="UTF-8"?>
<!DOCTYPE note [
  <!ELEMENT note（to，from，heading，body）>
  <!ELEMENT to（#PCDATA）>
  <!ELEMENT from（#PCDATA）>
  <!ELEMENT heading（#PCDATA）>
  <!ELEMENT body（#PCDATA）>
]>
```

```
<note>
    <to>XML</to>
    <from>Human</from>
    <heading>HELLO</heading>
    <body>Hello，XML World!</body>
</note>
```

作为内部 DTD 的声明，DTD 声明代码的位置是放在 XML 声明之后，也可以在其他处理指令后，但必须要在 XML 根元素之前。由于 DTD 声明代码与 XML 代码在一起，所以必须要有对应的 DTD 边界来将 DTD 声明代码与 XML 代码分割开，以指示解析器进行对应的处理。具体来看，内部 DTD 的声明的语法格式如下：

```
<!DOCTYPE root_note [
        …（DTD 语句）
]>
```

作为内部 DTD 的声明的代码，其开头必须使用专用的关键字以告知解析器这个区段属于 DTD 声明。因此，内部 DTD 的声明的代码是定义在以“<!DOCTYPE root_note [”为开始、以“]>”为结束的 DTD 边界内部的。其中，root_note 是将 XML 文档根元素名称作为文档类型名。

值得注意的是，文档类型名与 XML 文档根元素名称一致是一项强制性的语法规定，否则在“有效性”检测过程中会出现语法错误的提示。例如在 XMLSpy 软件中，例程 3-1 可以通过“有效性”验证（如图 3-3 所示），但是将其代码改为例程 3-2，使文档类型名与 XML 文档根元素名称不一致，在“有效性”验证时会报错，并给出错误的具体提示（如图 3-4 所示）。

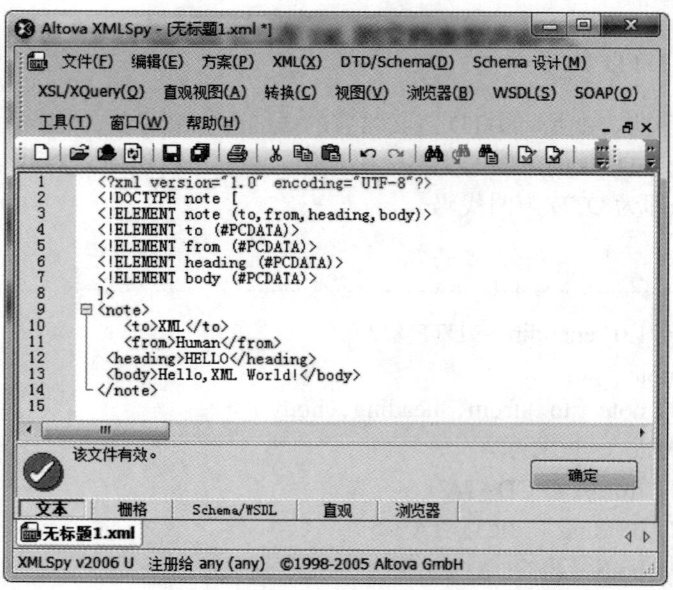

图 3-3 例程 3-1 通过“有效性”验证

例程 3-2：

```
<?xml version="1.0" encoding="UTF-8"?>
<!DOCTYPE NOTE [
  <!ELEMENT note（to，from，heading，body）>
  <!ELEMENT to（#PCDATA）>
  <!ELEMENT from（#PCDATA）>
  <!ELEMENT heading（#PCDATA）>
  <!ELEMENT body（#PCDATA）>
]>
<note>
    <to>XML</to>
    <from>Human</from>
    <heading>HELLO</heading>
    <body>Hello，XML World!</body>
</note>
```

图 3–4　例程 3–2 未通过“有效性”验证

此外，由于内部 DTD 的声明是通过将 DTD 指令直接写在 XML 文档内部，因此，内部 DTD 的声明所定义的约束范围也就只能应用于此 XML 文档内部。这样就会出现使用同一个 DTD 声明的不同的 XML 文档都会在其内容中包含同样的 DTD 代码，从而形成了数据信息的冗余，特别是在进行海量数据的存储与传输中，这种冗余带来的存储空间的浪费和网络传输带宽的占用是非常大的。所以，在实际的工程应用中，我们更推荐使用外部 DTD 的声明。

3.2.2 外部 DTD 的声明

外部 DTD 的声明是将 DTD 的指令独立存储成一个扩展名为“.dtd”的文件，然后在 XML 文档中通过特定 DTD 引用语句将该 DTD 文件作为一个外部文件进行引用。

例如，例程 3-3 是将例程 3-1 中的 DTD 声明独立写在一个 DTD 文件中的代码，并以“3-3.dtd”命名保存。

例程 3-3：

```
<?xml version="1.0" encoding="UTF-8"?>
<!ELEMENT note（to，from，heading，body）>
<!ELEMENT to（#PCDATA）>
<!ELEMENT from（#PCDATA）>
<!ELEMENT heading（#PCDATA）>
<!ELEMENT body（#PCDATA）>
```

在例程 3-3 中，不难发现，在外部 DTD 中不需要内部 DTD 的声明中的 DTD 边界，而是在第一行的 XML 声明之外，就直接将 DTD 声明代码写入。

在 XMLSpy 软件中，用户可以通过新建一个 DTD 类型的文件进行一个 DTD 文件的创建。首先使用 XMLSpy 在编辑工具的“文件”菜单下选择新建子项，或单击工具栏中的新建图标，然后在弹出的图 3-5 所示的对话框中选择“dtd”为需要创建的文档类型，单击“确定”按钮便可进入编辑窗口。在新创建的文件中，“<?xml version="1.0" encoding="UTF-8"?>”会出现在第一行，用户只需要直接写入 DTD 声明代码。

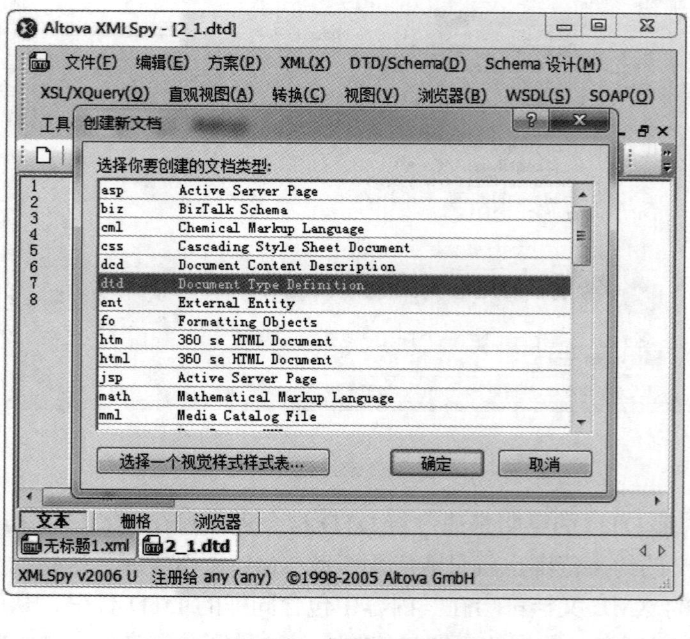

图 3–5 XMLSpy 软件创建 DTD 文件

有了外部的 DTD 文件后，在 XML 文档中完成 DTD 引用时，根据 DTD 是否为国际标准，外部 DTD 的声明的具体语法也有差异。当引用的外部 DTD 文件是由私人制作，而不是国际标准时，则使用 SYSTEM 作为 XML 关键字。其具体的语法格式如下：

<!DOCTYPE　根元素名　SYSTEM "文件地址">

其中，根元素名必须与 XML 的根元素一致；文件地址则是外部 DTD 文件的路径，可以是绝对路径，也可以是相对路径。

例程 3-4 中，则是在 XML 文档的序言区内通过“ <!DOCTYPE note SYSTEM "3-3.dtd">”实现了对非国际标准的“3-3.dtd” DTD 文件的引用。同时，该 DTD 文件使用了相对路径“3-3.dtd”，那就必须确保 DTD 文件与 XML 文档在同一个文件路径下（同一个文件夹内），否则在“有效性”验证时会提示“DTD 文件找不到”的错误。将该例程输入 XMLSpy 软件中，则可通过软件的“有效性”验证功能，实现该 XML 文档的“有效性”验证。

例程 3-4：

```
<?xml version="1.0" encoding="UTF-8"?>
 <!DOCTYPE note SYSTEM "3-3.dtd">
<note>
    <to>XML</to>
    <from>Human</from>
    <heading>HELLO</heading>
    <body>Hello，XML World!</body>
</note>
```

当引用的外部 DTD 文件是国际标准时，则以 PUBLIC 作为 XML 关键字。其具体的语法格式如下：

<!DOCTYPE　根元素名　PUBLIC "+|-//组织名//所引用 DTD 文件的描述//编写 DTD 所使用的语种" "URI">

其中，根元素名必须与 XML 的根元素名一致；“+”表示该组织获得 ISO 认证，“-”则反之；URI（uniform resource identifier，统一资源标识符）要能定位对应的 DTD 文件，它可以是 URL（uniform resource locator，统一资源定位器），但必须是经国际标准认定的。

例程 3-5：

```
 <!DOCTYPE   PPML PUBLIC
"-//PODi//DTD PPML 3.00//EN" "http://www.podi.org/ppml/ppml300.dtd">
```

例程 3-5 是一个引用 PODi 联盟制定的、描述可变印刷内容的行业标准 PPML 外部 DTD 文件的示例。在这个外部 DTD 文件引用语句中，“-”表示该组织没有经过 ISO 的认证，“PODi”为标准制定组织的名称，“DTD PPML 3.00”用于描述所引用的 DTD 文件。即，它是一个 DTD 文件，并且是 PPML 3.0 版本的标准。EN 标识了编写此 DTD 文件所使用的语种是英语。最后的 URL 地址是 DTD 文件的唯一标识。在 DTD 标准建立初期，该 URL 地址往往指向的就是这个外部 DTD 文件的实际资源。但随着网络资源建设，会出现网址并不指向该实际资源的情况。

基于外部 DTD 的声明，外部 DTD 文件作为一个独立于 XML 文档的外部文件被多个 XML 文档共享引用，且不占用 XML 文档的存储空间。因此，在工程实际应用中，基于外部 DTD 的声明的 DTD 引用方式更为普遍。

3.2.3 内部 DTD 和外部 DTD 的联合使用

对于独立使用外部 DTD 这种方式，如果用户不完全使用外部 DTD 所提供的标准 DTD，或当 XML 文档发生细微变化时，需要重新编写新的 DTD 文件。因此，在实际的应用过程中，通常是由 XML 文档的设计团队提供一份公共的 DTD 文件作为外部 DTD 文件，然后每个成员用户根据实际需要，通过内部 DTD 的声明扩展 DTD 的定义。

在内部 DTD 和外部 DTD 联合使用时，一般有两种方式来实现。一种方式是在外部 DTD 的声明之后，直接用中括号括起内部 DTD 的声明。如果内部 DTD 和外部 DTD 在标记定义或文档结构定义等方面发生冲突，则以内部 DTD 为准。例如，在例程 3-6 中，即通过内部 DTD 改写（覆盖）外部 DTD“3-3.dtd”的代码（即例程 3-3 中的代码），实现内部 DTD 和外部 DTD 的联合使用。

例程 3-6：

```
<?xml version="1.0" encoding="UTF-8"?>
<!DOCTYPE note SYSTEM "3-3.dtd" [
  <!ELEMENT note（to，from，heading，body）>
  <!ELEMENT to（#PCDATA）>
  <!ELEMENT from（#PCDATA）>
  <!ELEMENT heading（#PCDATA）>
  <!ELEMENT body（#PCDATA）>
  <!ATTLIST note ID CDATA #REQUIRED>
]>
<note ID="N001">
    <to>XML</to>
    <from>Human</from>
    <heading>HELLO</heading>
    <body>Hello，XML World!</body>
</note>
```

另一种方式是通过将外部 DTD 作为外部参数实体在内部 DTD 的声明中进行引用。这种方式，我们将在后续关于 DTD 实体的章节部分进行详细学习。

到目前为止，我们了解了在 XML 文档的有效性验证时，可以通过在 XML 文档中引入 DTD，实现合法构建要求的信息的描述。

反过来，用户拥有了定义 XML 文档结构的 DTD 文件，就知道了描述信息时需要使用什么样的结构。因此，XML 专用编辑器在创建一个新的 XML 文档时，可以通过指定一个外部 DTD 文件，实现自动地根据 DTD 描述的 XML 文档构建信息构建出一个可通过有效性检测的、有效信息为空的 XML 文档框架，如图 3-6 所示。用户把需要描述的信息填入相应的元素内容或属性值的位置即可。同时，在修改该文档时，XML 专用编辑器也会根据 DTD 进行代码提示，从而提高有效的 XML 文档的编写效率。

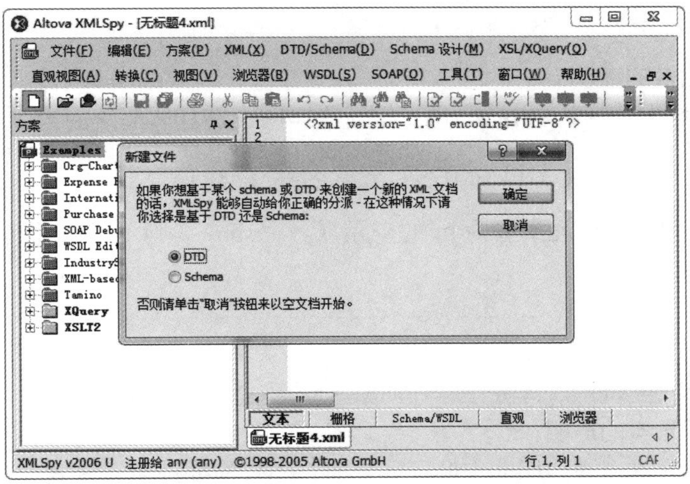

图 3-6　XMLSpy 软件创建 XML 文档时指定 DTD 文件

3.3 DTD 元素的声明

元素是 XML 的核心，DTD 元素声明是声明 XML 元素的语法，包含元素标记、内含的子元素和元素内容，它同时也声明 XML 文件架构。在一个有效的 XML 文档中出现的每一个元素标记，都必须是已经在 DTD 的元素声明中定义的。

在详细学习 DTD 元素声明语法的细节之前，我们先来回顾一下 XML 的信息组织方式。XML 文档是按照树状结构进行信息组织的。在树状结构中，除末端的叶子元素之外，中间应是不断分支的枝干元素。因此，DTD 中的元素声明也对应地分为两大类（如图 3-7 所示）：

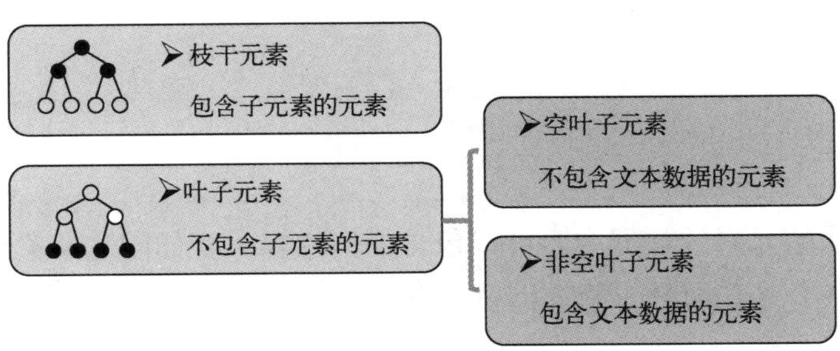

图 3-7　DTD 元素声明中对元素的分类

一类是包含子元素的枝干元素；另一类是没有子元素的叶子元素。其中，在叶子元素中，包含文本数据的元素则称为非空叶子元素，不包含文本数据的元素称为空叶子元素。空叶子元素也常被简称为空元素。

在 DTD 中，XML 元素通过以 ELEMENT 为关键字的标记来声明。除了关键字，标记还根据元素的具体类型提供所声明类型的名称和内容规范。DTD 元素声明的语法如下。

3.3.1 叶子元素的声明

（1）空叶子元素的声明

DTD 是通过类别关键字 EMPTY 进行空元素声明，其具体的语法为：

```
<!ELEMENT 元素名称 EMPTY >
```

例程 3-7 中声明了一个元素名为 br 的空元素。“<br/>”则可以通过其“有效性”检测。

例程 3-7：

```
<!ELEMENT br EMPTY >
```

（2）非空叶子元素的声明

相对于空叶子元素，在声明非空叶子元素时，不仅需要声明元素名称，同时还要声明包含的文本数据的类型。其具体的语法为：

```
<!ELEMENT 元素名称（数据类型）>
```

其中，“数据类型”可以是#PCDATA 或 ANY，用于声明两种不同的数据内容。

#PCDATA 类型所声明的元素的数据内容是可解析的字符串。该字符串可以包含任意数量的字符数据，或者不包含任何内容，其使用的语法如下：

```
<!ELEMENT 元素名称（#PCDATA）>
```

例程 3-8：

```
<!ELEMENT to ( #PCDATA ) >
```

例程 3-8 中声明了元素名为“to”的元素，且此元素的数据内容为可解析的字符数据。因此，例程 3-9 中元素实例符合此声明的约束。

例程 3-9：

```
<to>XML</to>
```

ANY 类型声明的元素的数据内容可以包含任何内容。就如同这个关键字本身的含义一样，用户在创建 XML 文档时拥有最大的自由度。其使用的语法如下：

```
<!ELEMENT 元素名称（ANY）>
```

例程 3-10：

```
<!ELEMENT note（ANY）>
```

例程 3-10 声明了一个元素名为“note”的元素，其实例化时可以随用户的需要包含任意的内容。显然，这与 DTD“有效性约束”的初衷是背道而驰的。因此，在最终的 DTD 文件中不推荐使用 ANY 数据类型。通常，在 DTD 调试过程中，如果用户想暂时忽略某个元素的后代元素，ANY 类型的声明是非常适合的。

3.3.2　枝干元素的声明

作为枝干元素，其相对于叶子元素的区别在于需要声明它包含的子元素。因此，DTD 在声明枝干元素时，需要声明它包含的同辈子元素列表，里面涵盖了枝干元素拥有的子元素及其出现的次数和子元素出现应遵循的顺序。

（1）子元素出现应遵循的顺序的声明

当枝干元素包含多个同辈子元素时，它们出现的顺序就存在两种约束要求：第一种是必须按固定顺序出现，第二种是以可调换的顺序出现。在 DTD 中，是通过子元素名称间连接的方式隐喻式声明同辈子元素列表中子元素出现的顺序。对于子元素按固定顺序出现的声明，其具体的语法如下：

```
<!ELEMENT 元素名称（子元素 1，子元素 2，…，子元素 n）>
```

它的语法与声明叶子元素很相似，只是括号里的内容是同辈子元素列表，且列表中子元素的个数可以是多个。在括号中，子元素名称之间的“，”用于声明它们出现的顺序必须按照这个列表的顺序出现。

实际上，一个完整的枝干元素声明由两部分代码组成：

```
<!ELEMENT 元素名称（子元素 1，子元素 2，…，子元素 n）>）
        <!ELEMENT 子元素 1 名称（类别）>
        <!ELEMENT 子元素 2 名称（类别）>
        …
        <!ELEMENT 子元素 n 名称（类别）>
```

第一部分是第一行的枝干元素声明，第二部分则是所有同辈子元素名称对应的元素声明。否则，DTD 解析器在进行语法验证时就找不到具体的元素声明，从而会报错。

例程 3-11：

```
<!ELEMENT note（to，from，heading，body）>
<!ELEMENT to（#PCDATA）>
<!ELEMENT from（#PCDATA）>
<!ELEMENT heading（#PCDATA）>
<!ELEMENT body（#PCDATA）>
```

例程 3-11 是一个完整的 DTD 枝干元素声明，它声明了“note”元素必须顺序地包含 “to”“rom” “heading” “body” 子元素 。

当子元素的出现顺序需要可调换时，枝干元素的声明语法可以借助修饰词“|”来解决。其语法如下：

<!ELEMENT 元素名称（子元素 1|子元素 2|…|子元素 *n*）>

在同辈子元素列表中使用“|”来连接子元素名称时，声明了需要在子元素列表中选择其中一个出现，而且这几个元素不能同时出现。

例程 3-12：

```
<?xml version="1.0" encoding="UTF-8"?>
<!DOCTYPE note [
  <!ELEMENT note（to|from|heading|body）>
  <!ELEMENT to（#PCDATA）>
  <!ELEMENT from（#PCDATA）>
  <!ELEMENT heading（#PCDATA）>
  <!ELEMENT body（#PCDATA）>
]>
<note>
    <from>Human</from>
    <to>XML</to>
    <heading>HELLO</heading>
    <body>Hello，XML World!</body>
</note>
```

在例程 3-12 中，“<!ELEMENT note（to|from|heading|body）>”声明了“note”元素的子元素是“to”、“from”、“heading”和“body”中的其中一个。因此，使用 XMLSpy 软件对其进行“有效性”验证时，就不能通过验证（如图 3-8 所示）。

为了能实现子元素出现顺序可调换，可以对“<!ELEMENT note（to|from|heading|body）>”添加一个可出现任意次数的控制符号“*”，形成例程 3-13 的代码。“<!ELEMENT note（to|from|heading|body）*>”声明了可任意次从“to”、“from”、“heading”和“body”中选择其中一个作为“note”元素的子元素。这样就间接地实现了子元素出现顺序的可调。如图 3-9 所示，例程 3-13 可以顺利地通过“有效性”验证。但是，这种约束的控制存在巨大的风险，因为在任意次选择过程中每次选择出的元素结果是不受控的，且各种结果都会通过“有效性”验证。

例程 3-13：

```
<?xml version="1.0" encoding="UTF-8"?>
<!DOCTYPE note [
  <!ELEMENT note（to|from|heading|body）*>
  <!ELEMENT to（#PCDATA）>
```

```
    <!ELEMENT from（#PCDATA）>
    <!ELEMENT heading（#PCDATA）>
    <!ELEMENT body（#PCDATA）>
]>
<note>
    <from>Human</from>
    <to>XML</to>
    <heading>HELLO</heading>
    <body>Hello， XML World!</body>
</note>
```

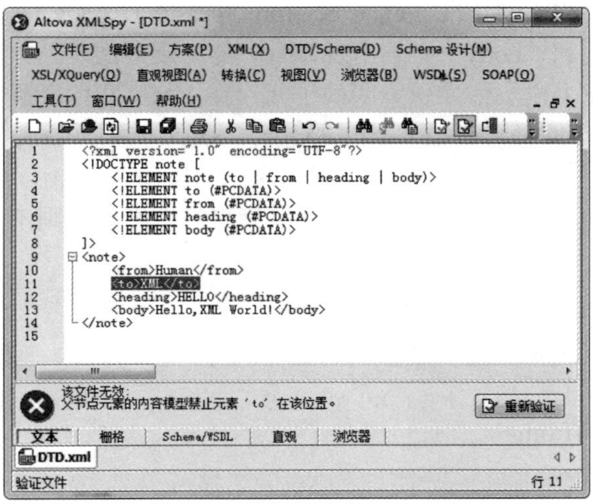

图 3-8 例程 3-12 不能通过“有效性”验证

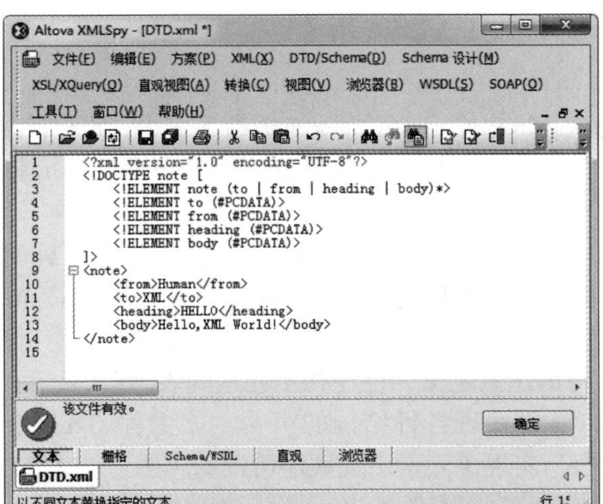

图 3-9 例程 3-13 通过“有效性”验证

（2）子元素出现次数的声明

在例程 3-13 中，可以看到，DTD 可以通过“*”控制子元素出现次数为任意次。其实，DTD 可以针对多种不同的出现次数的情况采用不同的控制符号进行声明，如表 3-1 所示。

表 3-1 控制子元素出现次数的符号表

符号	含义	符号	含义
无符号	出现且仅 1 次（1）	+	最少出现 1 次（1～n）
*	出现任意次（0～n）	?	出现 0 次或 1 次（0～1）

①子元素出现且仅 1 次。如果子元素名称后没有任何符号，则表示该子元素只能出现 1 次。如例程 3-11 中的“<!ELEMENT note（to，from，heading，body）>”声明了子元素“to”、“from”、“heading”和“body”必须出现，且只能出现一次。

②子元素最少出现 1 次。如果所声明的子元素在 XML 文档中最少出现一次，此时要在该子元素名称后加“+”符号。例如“<!ELEMENT note（to+，from，heading，body）>”，表示子元素“to”最少出现一次，且可能出现多次。如例程 3-14 中，“to”元素出现了 2 次，符合此 DTD 的声明。但如果 XML 文档中“to”元素没有出现，则不符合此 DTD 的声明。

例程 3-14：

```
<?xml version="1.0" encoding="UTF-8"?>
<note>
    <from>Human</from>
    <to>XML_1</to>
    <to>XML_2</to>
    <heading>HELLO</heading>
    <body>Hello，XML World!</body>
</note>
```

③子元素出现任意次。如若子元素可能没有或有很多个，此时就要在元素后加“*”符号。如“<!ELEMENT note（to，from，heading，body*）>”，表示子元素“body”可以出现任意多次。

④子元素出现 0 次或 1 次。如果子元素可以有，也可以没有，此时需要在此元素后加“?”符号，声明该子元素可以不出现或只出现一次。例如“<!ELEMENT note（to，from，heading?，body）>”声明了子元素“heading”可出现，也可以不出现。

基于前面的单个字符的次数定义，往往在子元素列表声明时，可以混合使用这些次数控制符、“，”和“|”，从而实现各种结构的声明。如例程 3-13 中的“<!ELEMENT note（to|from|heading|body）*>”实现子元素出现顺序可调的声明。“<!ELEMENT note（to，from，heading，（message|body））>”则声明了“note”元素必须顺序地包含“to”元素、“from”元素、“heading”元素，以及非“message”元素即“body”元素各一个。

3.4 DTD 属性的声明

XML 文档中元素通常具有属性，和元素必须要在 DTD 中声明一样，元素的属性也需要在 DTD 中进行声明，以保持 XML 文档的有效性。

XML 文档中，每个属性都有名称与属性值，同时属性还与对应的元素有从属关系。因此，一个完整的属性声明信息应该包含：属性名称、属性值的数据要求、属性值以及属性从属于哪个元素。在 DTD 中通过属性列表进行声明，使用的关键字是 ATTLIST ，其具体的语法如下所示：

<!ATTLIST 元素名称 属性名称 属性类型 属性值 >

在 DTD 属性声明语法中，元素名称指明了所声明的属性从属于哪个元素。元素名后紧接着通过“属性名称、属性类型、属性值”来完成对属性名称和属性值相关信息的声明。在属性值的数据类型方面，DTD 提供了表 3-2 中可使用的类型选项。

表 3-2　DTD 属性声明中可使用的属性类型选项

类型	描述
CDATA	值为字符数据
枚举型（en1|en2|…）	此值是枚举列表中的一个值
ID	值为具有唯一性的取值，且需要以字母开头
IDREF	值为另外一个元素的 ID
IDREFS	值为其他 ID 的列表
NMTOKEN	值为合法的 XML 名称
NMTOKENS	值为合法的 XML 名称的列表
ENTITY	值是一个实体
ENTITIES	值是一个实体列表
NOTATION	值是符号的名称
xml:	值是一个预定义的 XML 默认属性

属性值要紧跟在属性类型之后。属性值有四种，具体如表 3-3 所示。

表 3-3　可使用的属性值参数

值	解释
值	属性的默认值
#REQUIRED	属性值是必需的

续表

值	解释
#IMPLIED	属性值不是必需的
#FIXED 值	属性值是固定的

第一种是给出属性值在缺省时的默认值。如例程 3-15 中的 DTD 代码声明，“square”被定义为带有 CDATA 类型的“width”属性的空元素。如果宽度没有被设定，其默认值为 0 。因此，与它对应的有效的 XML 实例可以是“<square width="100" />”。

例程 3-15：

```
<!ELEMENT square EMPTY>
<!ATTLIST square width CDATA "0">
```

“#REQUIRED”表示该属性是必需的，不能没有。“#IMPLIED”表示该属性是可有可无的。如果属性值需要固定为一个不变的具体的值，则使用“#FIXED”作为默认值，同时在其后写入这一具体值，来声明在 XML 文档中只能是这个属性声明所定义的固定值。例程 3-16 给出了使用这三种属性值的 DTD 声明代码实例。

例程 3-16：

```
<! ATTLIST contact fax CDATA #IMPLIED>
<! ATTLIST person number CDATA #REQUIRED >
<! ATTLIST sender company CDATA #FIXED "HUAWEI">
```

上述这四种属性值具体在工程应用中选择哪个，则依赖于具体的应用需求。下面，我们来具体地学习表 3-2 中的属性类型。

（1）CDATA

CDATA 属性类型描述了属性值为文本数据的字符串。解析器不会进一步解析是否有元素，它就是单纯的文本数据，包括 XML 中的保留字。因此，大部分属性都使用此类型。

（2）ID

ID 属性类型的属性值是具有唯一性的值，比如物料编码、工单编号、身份证号码、学生学号等都属于此类。如果在整份 XML 文件中需要类似数据表的主索引，就可以将属性设为 ID 属性类型。因此，ID 属性类型在信息描述中普遍用于标识和定位对应的元素，特别是如例程 3-17 中“BOOK”这类重名元素的标识与定位。例程 3-17 中对应的 DTD 声明可以如例程 3-18 所示。“<!ATTLIST BOOK ID ID #REQUIRED >”不仅声明了“BOOK”元素的属性“ID”的数据类型是“ID”，且是必需的。

例程 3-17：

```
<?xml version="1.0" encoding="UTF-8"?>
<BOOKS>
```

```
<BOOK ID="C001">
    <title>中国增长模式抉择</title>
    <artist>吴敬琏</artist>
    <country>中国</country>
    <publishing>上海远东出版社</publishing>
    <price>25</price>
    <year>2006</year>
</BOOK>
<BOOK ID="C002">
    <title>辉煌中国</title>
    <artist>洪向华</artist>
    <country>中国</country>
    <publishing>中国外文局</publishing>
    <price>63</price>
    <year>2021</year>
</BOOK>
</BOOKS>
```

例程 3-18：

```
<!ELEMENT BOOKS（BOOK+）>
<!ELEMENT BOOK（title，artist，country，publishing，price，year）>
<!ELEMENT title（#PCDATA）>
<!ELEMENT artist（#PCDATA）>
<!ELEMENT country（#PCDATA）>
<!ELEMENT publishing（#PCDATA）>
<!ELEMENT price（#PCDATA）>
<!ELEMENT year（#PCDATA）>
<!ATTLIST BOOK ID ID #REQUIRED >
```

需要注意的是，DTD 声明的 ID 类型的属性值，不仅要求值在整个 XML 文档中不可重复，而且需要以字母开头。如例程 3-17 中的属性值“C001”和“C002”。

（3）IDREF 和 IDREFS

属性类型“IDREF”和“IDREFS”的属性值必须指向一个对应的 ID 属性值。即必须与 XML 文档中存在的某些 ID 属性相匹配。 例如，例程 3-19 中的“Oids”属性为客户订购的书籍 ID，因此“Oids”的属性值可能是多个“BOOK”元素的 ID 属性值。那么它的 DTD 声明就应该如例程 3-20 中的“<!ATTLIST Customer Oids IDREFS #REQUIRED >”，“Oids”属性值的数据类型为 IDREFS。

例程 3-19：

```
<?xml version="1.0" encoding="UTF-8"?>
<BOOKS>
<BOOKOrder>
        <Customer name= " 罗博士 " Oids= " C001 C002 " >
</BOOKOrder>
<BOOK ID= " C001 ">
        <title>中国增长模式抉择</title>
        <artist>吴敬琏</artist>
        <country>中国</country>
        <publishing>上海远东出版社</publishing>
        <price>25</price>
        <year>2006</year>
    </BOOK>
    <BOOK ID= " C002 " >
        <title>辉煌中国</title>
        <artist>洪向华</artist>
        <country>中国</country>
        <publishing>中国外文局</publishing>
        <price>63</price>
        <year>2021</year>
    </BOOK>
   </BOOKS>
```

例程 3-20：

```
<!ELEMENT BOOKS（<BOOKOrder，BOOK+）>
<!ELEMENT BOOKOrder（Customer）>
<!ELEMENT BOOK（title，artist，country，publishing，price，year）>
<!ELEMENT title（#PCDATA）>
<!ELEMENT artist（#PCDATA）>
<!ELEMENT country（#PCDATA）>
<!ELEMENT publishing（#PCDATA）>
<!ELEMENT price（#PCDATA）>
<!ELEMENT year（#PCDATA）>
<!ATTLIST BOOK ID ID #REQUIRED >
<!ATTLIST Customer name CDATA #REQUIRED >
<!ATTLIST Customer Oids IDREFS #REQUIRED >
```

（4）枚举型

用户经常会遇到属性值需要在几个已备选的值列表中选择一个值，而不能填入新项目。那么，就需要用括号将所有的备选值括起来，然后用“|”将各值进行分隔，完成枚举类型的声明。例如“<! ATTLIST payment type（check|cash）"cash">”声明了“payment”元素的属性“type”的数据类型是枚举型，必须是在“check”和“cash”中选择其一，且在缺省时，默认值为“cash”。因此，它对应的合法的 XML 实例可以是“<payment type="check" /> ”或“< payment type="cash" />”。

（5）NMTOKEN

NMTOKEN 是 name token 的简写，NMTOKEN 型数据是指合法的 XML 名称，它表示由一个或多个字母、数字、句点、连字号或下划线所组成的名称。除了第一个字符位置外，也可以是冒号。它的作用是对属性的取值进行限制，即规定了合法的 XML 命名机制。例如“JACK LUO”就是一个非法的 NMTOKEN 类型值，因为“JACK”与“LUO”之间有空格。所以可以修改为“JACK_LUO”。

（6）NMTOKENS

NMTOKENS 与 NMTOKEN 类似，它能够给一个属性赋予多个 NMTOKEN 数据，不同的 NMTOKEN 数据之间用空格隔开。例如“JACK_LUO LARRY_LI”。

（7）NOTATION

现实世界中存在很多无法或不易用 XML 格式组织的数据，例如图像、声音、影像等。对于这些数据，XML 应用程序常常并不提供直接的应用支持。一种办法就是让分析软件进行分析，查看该数据需要什么样的软件进行支持；另一种办法就是通过设置 NOTATION 类型的属性来指定一个外部应用程序进行处理。在 DTD 文件中，NOTATION 定义语句分为两种情况，具体如下：

第一种情况：

<!NOTATION 符号名 SYSTEM "MIME 类型">

第二种情况：

<!NOTATION 符号名 SYSTEM "URL 路径名">

在上述定义语句中，第一种情况指定数据的 MIME 类型，第二种情况指定处理程序的 URL 路径。当使用 NOTATION 类型作为属性的类型时，首先要在 DTD 中使用<!NOTATION …>语句声明相应的 NOTATION。接下来通过一个例子来演示 NOTATION 的使用，如例程 3-21 所示。

例程 3-21：

```
<?xml version="1.0" encoding="GB2312" standalone="yes"?>
<!DOCTYPE 文件 [
    <!NOTATION mp SYSTEM "c:/windows/movPlayer.exe">
<!NOTATION gif SYSTEM "Image/gif">
<!ELEMENT 文件（电影）>
<!ELEMENT 电影（#PCDATA）>
```

```
<!ATTLIST 电影 演示设备 NOTATION（mp | gif）#REQUIRED>
<!ATTLIST 电影 mov ENTITY #REQUIRED>
<!ENTITY MOVIE SYSTEM（movie.mp4）>
]>
<文件>
<电影 mov="&MOVIE；" 演示设备="mp">上甘岭战役</电影>
</文件>
```

（8）ENTITY 与 ENTITIES

ENTITY 类型为实体类型。这一类型常在两种情况下使用：一种是需要使用外部不可解析的实体，如二进制文件等；另一种是简化需要重复输入的文本数据内容。当某个属性的类型设置为 ENTITY 时，表明其属性值必须在 DTD 中已使用<!ENTITY …>语句声明了一个实体，然后在 XML 实例中进行实体引用。

ENTITIES 类型表示属性值为多个实体组成的实体列表，XML 实例中不同的实体引用之间用空格隔开。

3.5 DTD 实体的声明

XML 文档实质上是一个个实体组合，或者说，实体在 XML 文档中是一种数据单位。因此，一份 XML 文档是一个实体，一个元素也可以看作一个实体。实体具有名称与内容，它由文本字符数据或二进制数据组成，需要借助实体的名称才能使用。因此，实体可以视为用于定义、引用普通文本或特殊字符的变量。

3.5.1 实体的分类

XML 中的实体基于不同的视角，可以得到不同的实体分类。

①基于实体被引用的位置进行分类，可以分为通用实体和参数实体。通用实体也被称为一般实体，它是在 XML 文档中被引用的实体。参数实体则是在 DTD 文件中被引用的实体。

②基于实体内容与 XML 文档的相对位置进行分类，可以分为内部实体和外部实体。内部实体与 XML 文档存储在一起，实体引用值为文本字符数据。而外部实体则是独立的外部 DTD 文件，通过 URL 来存取。外部实体引用值则是 DTD 文件内的所有文本字符数据或二进制内容。

③基于 XML 解析器是否能够解析，实体还可以分为解析实体和非解析实体。所谓解析实体，就是可由 XML 解析器处理的实体，其实就是文本字符数据构成的实体。当这样的数据在 XML 文档中被大量使用时，使用实体引用的方法，实质就是用较短的文本取代较长的文本，是一种非常有用的方法。同时，当需要修改时，只需要修改实体，在 XML 文档中的元素就会自行修改了。非解析实体指的是不能被 XML 解析器所处理的实体，但是要提供给其他的应用程序去处理。非解析实体通常以某种二进制形式存在，如图片、音乐，甚至 Word

文档等。

解析实体可以在元素中引用，而非解析实体只能出现在属性值中。XML 处理器必须知道如何处理这些非解析实体，因此，需要把有关指令放置在 DTD 文件中。

对一个实体进行具体描述时，可以将这几种实体分类进行交叉使用，从而实现对实体的精确描述。例如，内部的通用实体、外部的通用实体等。

通常，实体只有在 DTD 文件中声明后，才可以在其他地方被引用。然而对于 XML 预定义的五个通用实体<、>、'、" 和&字符，在进行实体引用时则无需声明，可直接引用。

在 DTD 的实体声明中，针对不同的实体，其声明分别使用了不同的语法格式。但在实体引用时，其语法格式只区分通用实体和参数实体，不管是内部实体还是外部实体。

3.5.2　内部通用实体

内部通用实体是指在 XML 文档内容中声明的并且可以在 XML 文档中使用的实体。内部通用实体的声明和引用语法如下。

声明语法：

<!ENTITY 实体名称"实体的值">

引用语法：

&实体名称;

其中，“实体的值”是所代表的数据内容，也就是一个可以解析的文本数据内容，它需要用双引号进行标记。实体名称则是指向这个实体内容的变量名。在 XML 文档中进行引用时，就是通过这个实体名称来进行实体引用的。

例程 3-22 是一个内部通用实体的声明和引用的代码。该例程通过 3 个实体声明的语句分别声明了实体名称为 L1、L2 和 L3 的三个内部通用实体，它们对应的文本字符数据分别为“旗舰店”、“中等”和“小型”这三个字符串。实体引用示例在“size”元素中引用了“L1”实体。图 3-10 显示了这些内部通用实体在 XML 文档中和在具备 XML 解析能力的 Web 浏览器中的显示结果。

例程 3-22：

```
实体声明（该内容非程序内容）：
<!ENTITY L1 "旗舰店">
<!ENTITY L2 "中等">
<!ENTITY L3 "小型">
实体引用（该内容非程序内容）：
<size>&L1;</size>
```

通过图 3-10，我们可以清晰地看到，实体声明语句处在 DTD 代码段内，实体引用语句则是处在元素内容处。并且，引用了通用实体的 XML 文档如果在具备 XML 解析器的 Web 浏览器中显示，通用实体引用语句就直接显示出了这个实体名称指向的实体的文本字符数据。例如，图 3-10 中因为 XML 文档中的“size”元素内引用的是“L1”实体，所以在浏览器中就显示为“旗舰店”。

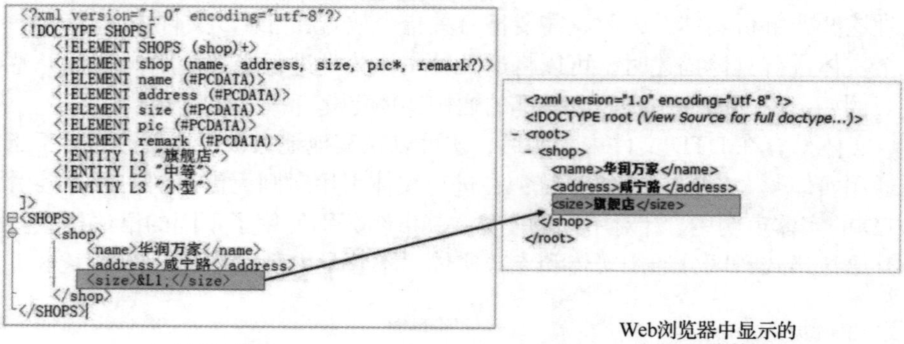

XML文档　　　　Web浏览器中显示的XML文档

图 3–10　内部通用实体被引用后在 Web 浏览器中的显示结果

在 XML 规范中，已经预先声明了表 3-4 中的 5 个实体，以代表在 XML 文档的文本字符数据中出现的特定符号。这些字符分别是<、>、'、" 和&。这些符号是特定符号的原因是 XML 解析器在解析 XML 文档时，会将它们视为具有特定含义的标识字符。例如元素标签的边界字符、属性的边界字符和实体引用的边界字符。如果在元素内容中使用了这 5 个字符，解析器就会错误地认为解析为这些特定含义，而不是它在文本字符数据中真实的含义。这种情况往往会使解析器报错。因此，在文本字符数据中使用这 5 个特定字符时，必须通过使用实体来绕开直接使用这些字符，从而避免出现解析器报错的情况。

表 3-4　XML 预声明的实体

实体引用	实体（所代表的字符）
<	<
>	>
&	&
'	'
"	"

在 XML 规范中，预先声明了 5 个实体，也就是说，它们不需要用户自己进行实体声明，而是在 XML 规范制定时，就默认已经给它们完成了实体声明，并给出了它们的实体名称。对于用户来说，只需要在 XML 文档中进行实体引用。如例程 3-23，在 XML 中，不需要进行 DTD 的实体声明，就可在 XML 文档中直接进行预先声明的实体的引用。即在“body”元素中不能直接写入“1 < 2”，必须使用“1<2”，否则在“检查格式良好”检测时就会提示语法错误。

例程 3-23：

```
<?xml version="1.0" encoding="UTF-8"?>
```

```
<note>
    <heading>实体引用</heading>
  <body>1&lt;2</body>
</note>
```

3.5.3　外部通用实体

当我们需要声明一个外部通用实体时，针对实体内容是解析实体（文本字符数据）或非解析实体（二进制内容），需要分别使用不同的声明语法格式。

外部通用实体为文本字符数据时，使用 SYSTEM 标识符来声明使用外部的文件作为实体内容，并且通过这个外部文件的地址路径指向文件。声明语法为：

<!ENTITY 实体名称 SYSTEM "URI">

如果外部通用实体为二进制内容的文件，则需要在语法格式上进一步使用 NDATA 标识符给出标记声明，用于指定外部二进制文件的种类。声明语法为：

<!ENTITY 实体名称 SYSTEM “URI” NDATA 标记声明>

其中，“标记声明”指定了外部二进制文件的种类，需要使用 NOTATION 定义语句进行定义。同时，由于解析器无法处理含有二进制内容的文件，通常只能作为属性值。如例程 3-24 所示。在这个 DTD 代码段中，第 1 行声明的外部实体 logo 为一个“.gif”格式的图形文件，NDATA 则是标记声明的标识符，gif 为标记声明。第 2 行使用了 NOTATION 声明，这个声明通知 XML 解析器如何找到处理信息，同时给出了处理二进制文件的软件名称。第 3 行 DISPLAY 元素的属性声明表明了该元素必须有一个“src”属性，且这个属性的类型是实体。

例程 3-24：

```
<!ENTITY logo SYSTEM  " /logo.gif "  NDATA gif>
<!NOTATION gif SYSTEM  " ACDSee.exe " >
<!ATTLIST DISPLAY src ENTITY #REQUIRED >
```

外部通用实体为非解析实体时，也可以如第 3.4 节中的例程 3-21 所示，通过单独的属性来指定外部二进制文件的种类。

在 XML 文档中，对外部通用实体的引用方式和内部通用实体的引用方式相同，即以“&”开始，以“；”结束，中间是实体名称。

3.5.4　内部参数实体

内部参数实体是指所定义的实体只能出现在 DTD 文件中，其主要的用途是简化 DTD 语法。因此，内部参数实体的实体值一般为 DTD 语法或部分声明的文本字符。

内部参数实体声明语法格式与内部通用实体的声明语法很相似，其差异是在实体名称前多了一个“%”作为标识符。内部参数实体的声明和引用语法如下。

声明语法：

<!ENTITY % 实体名称 "实体值">

引用语法：

%实体名称;

例程 3-25 的 DTD 代码段中，第一行就是声明了一个内部参数实体，然后在最后一行里，则是在元素声明中对这个参数实体进行了引用。因此，“<!ELEMENT Align（% HeadlingAlign;）>”等价于“<!ELEMENT Align（left|center| right）>”。

例程 3-25：

```
<!ENTITY % HeadlingAlign  " left|center| right " >
<!ELEMENT message（Content，Align）+>
<!ELEMENT Content（ #PCDATA）>
<!ELEMENT Align（% HeadlingAlign;）>
```

图 3-11 进一步指示了在包含内部 DTD 的一个 XML 文档实例中如何进行内部参数实体的声明与引用。通过图示，可以直观地看到，内部参数实体的声明与引用均发生在 DTD 声明内。内部参数实体“shopattr”声明了一个由 5 个 DTD 元素声明组成的字符串为内容的实体。XML 解析器在解析这个 DTD 代码时，则会在参数实体引用的位置“%shopattr；”使用实体指向的这 5 个元素声明代码进行替代。

图 3–11　内部参数实体的声明与引用

3.5.5　外部参数实体

外部参数实体就是在文档外部定义了，并且只能在 DTD 中使用的实体。通常这个外部的文档也是一个 DTD 定义语句的文件。这种机制可以将原先很长的 DTD 文档转化为多个很小并且可以相互调用的 DTD 文档集合，不同的 DTD 定义语句可以根据不同的需要、不同的逻辑功能被定义为不同的外部参数实体，然后通过外部参数实体的声明组合成一个 DTD 文件。外部参数实体的应用方便了大型 DTD 文件的开发和设计。

外部参数实体既可以在内部 DTD 中声明也可以在外部 DTD 中声明，它的声明语法和引用语法如下。

声明语法：

```
<!ENTITY % 实体名称 SYSTEM "外部参数实体的 URI">
```

引用语法：

```
%实体名称;
```

例程 3-26 展示了将两个外部 DTD 文件“A.dtd”和“B.dtd”的 DTD 代码在 XML 文档“test.xml”中通过外部参数实体的声明与引用进行了组合。

例程 3-26：

A.dtd（该内容非程序内容）

```
<?xml version="1.0" encoding="UTF-8"?>
<!ELEMENT A（NAME_A）>
<!ELEMENT NAME_A（#PCDATA）>
```

B.dtd（该内容非程序内容）

```
<?xml version="1.0" encoding="UTF-8"?>
<!ELEMENT B（NAME_B）>
<!ELEMENT NAME_B（#PCDATA）>
```

test.xml（该内容非程序内容）

```
<?xml version="1.0" encoding="UTF-8"?>
<!DOCTYPE ROOT [
    <!ELEMENT ROOT（A|B）*> <!--注意 A，B 元素的定义-->
    <!ENTITY % A_atrr SYSTEM "A.dtd">
    <!ENTITY % B_atrr SYSTEM "B.dtd">
    %A_atrr;
    %B_atrr;
]>
<ROOT>
    <A>
        <NAME_A>
            I am A!
        </NAME_A>
    </A>
```

```
    <B>
        <NAME_B>
            I am B;
        </NAME_B>
    </B>
</ROOT>
```

在工程实践中，用户还可以通过外部参数实体的迭代引用，实现对外部 DTD 不断修正的目的，例程 3-27 中，不仅展示了在“L2.dtd”和“L1.dtd”的基础上通过外部参数实体的引用实现 DTD 的修正，并且“L2.dtd”最终在 XML 文档中通过外部参数实体的引用成为 XML 的 DTD，还展示了在应用外部参数实体的同时，还可以应用内部通用实体，二者并不会产生冲突。

例程 3-27：

```
L1.dtd（该内容非程序内容）
 <!ELEMENT 封面 EMPTY>
 <!ELEMENT 内页 EMPTY>
 <!ELEMENT 客户 EMPTY>
 <!ELEMENT 生产 EMPTY>
 <!ELEMENT 技术 Info（#PCDATA | 封面 | 内页）*>
 <!ATTLIST 封面
     颜色 CDATA #REQUIRED
     纸张 CDATA #REQUIRED
     克重 CDATA #REQUIRED
 >
 <!ATTLIST 内页
     颜色 CDATA #REQUIRED
     纸张 CDATA #REQUIRED
     克重 CDATA #REQUIRED
 >
 <!ATTLIST 客户
     单位 CDATA #REQUIRED
     姓名 CDATA #REQUIRED
 >
 <!ATTLIST 生产
     产品名 CDATA #REQUIRED
     数量 CDATA #REQUIRED
 >
 <!ATTLIST 技术 Info
     装订方式 CDATA #REQUIRED
 >
```

```
 <!ATTLIST 作业 ID
       ID #REQUIRED
 >
L2.dtd（该内容非程序内容）
<!ENTITY % ddd   SYSTEM "L1.dtd">
%ddd;
<!ELEMENT 作业（客户，生产，技术 Info）>

test.xml（该内容非程序内容）
    <?xml version="1.0" encoding="UTF-8"?>
    <!DOCTYPE 作业[
    <!ENTITY % d   SYSTEM "L2.dtd">
    %d;
    <!ENTITY   cc   "4 色+专色">
    ]>
    <作业 ID="S001">
       <客户 单位="西安理工大学" 姓名="罗如柏"/>
       <生产 产品名="集成化智能印刷系统" 数量="100"/>
       <技术 Info 装订方式="胶钉">
            <封面 颜色="&cc;上光" 纸张="铜版纸" 克重="72"/>
            <内页 颜色="&cc;" 纸张="胶印纸" 克重="50"/>
            <封面 颜色="&cc; 上光" 纸张="铜版纸" 克重="72"/>
            <内页 颜色="&cc;" 纸张="胶印纸" 克重="50"/>
       </技术 Info>
    </作业>
```

3.6 XML 的默认属性

XML 1.0 的规范拥有两个内定的默认属性 xml:space 和 xml:lang。其中，“xml:”专用于标识 XML 标准内定的属性名称，因此，用户自己定义的属性名不能以“xml:”开头，否则在解析时会发生错误。

3.6.1　xml:space

XML 将以下四种字符归为空白字符：回车符、换行符、制表符以及空格符。“xml:space”属性可以设定空白符是否有意义，以便正确显示文件的空白。“xml:space”声明的方式如下：

```
<!ATTLIST 元素名 xml:space（default|preserve）>
```

这表述“xml:space”属性的声明只有两个属性值“default”和“preserve”。“xml:space”属性的默认值是文本值“default”。对于值“default”，或者如果“xml:space”根本没有指示，则告诉程序使用默认的空白规范化方式处理空白。“preserve”则告诉程序需要注意 XML 元素和子元素的空格，并保留空白。因此，“xml:space”实际上只是一个开关，设置解析器将 XML 文件中的空格符传给应用程序后的处理方法。如例程 3-28 中的 DTD 声明告诉程序需要注意“book”元素中文本内的空格，所以程序在处理例程 3-29 中的“Extensible Markup Language”时就会保留其中的空格。

例程 3-28：

```
<!ATTLIST book xml:space（preserve）>
```

有效的 XML 实例如例程 3-29。

例程 3-29：

```
<book xml:space="preserve" >Extensible Markup Language</book>
```

需要注意的是，“xml:space”属性声明的作用域为声明对象元素中包含的所有内容（内部文本）以及子元素。因此，如果在整个 XML 文档中希望处理空格符，必须直接将属性设定在根元素标记中。

3.6.2 xml:lang

“xml:lang”属性是用来设置标记中的文字信息是使用哪种语言的，其属性值为《个别语言和语言组的代码》（ISO 639:2023）规范中制定的不同语言的缩写代码。如“xml:lang= "en"”表示使用英文，“xml:lang= "la"”表示使用拉丁文。例如在“<book xml:lang="zh-TW" >羅貫中</book> ”中，就指定了“book”元素使用的文本是中文繁体字。

3.7 DTD 的其他相关问题

3.7.1 属性声明的简明格式

前面我们已经学习了每一个 XML 元素的属性都需要使用<!ATTLIST…>声明，例如例程 3-30 中，声明了“person”元素拥有“fax”“number”“company”三个属性。这里，每一个属性都使用了一个<!ATTLIST…>语句进行声明。

例程 3-30：

```
<!ELEMENT person（#PCDATA）>
<!ATTLIST person fax CDATA #IMPLIED>
<!ATTLIST person number CDATA #REQUIRED >
```

```
<!ATTLIST person company CDATA #FIXED "HUAWEI">
```

实际上，一个元素如果像例程 3-30 中一样有多个属性声明，在编写代码时，可以使用一个<!ATTLIST…>语句进行多个属性的声明，只需要使用空格分隔开，这样不仅提高了代码的编写效率，也可以使代码更加简洁。因此，例程 3-30 中的代码可以用例程 3-31 进行等价替换。

例程 3-31：

```
<!ELEMENT person（#PCDATA）>
<!ATTLIST person
            fax CDATA #IMPLIED>
            number CDATA #REQUIRED >
            company CDATA #FIXED "HUAWEI">
```

3.7.2　DTD 与 XML 的关系

通过前面的学习，我们已经掌握了 DTD 用于描述 XML 的合法构建规则。但是，DTD 与 XML 文档之间，到底是哪个先有呢？其实，在工程实践中，我们可以分为两个阶段来讨论这个问题。

第一个阶段是 DTD 文档的创建阶段。由于 XML 文档具有良好的直观性，因此，用户在创建某个领域的 XML 文档的构建约束标准时，往往是先根据描述对象的需要，构建出一个被认为具有最优结构的 XML 文档作为范例；然后，再基于此直观的 XML 文档，去构建出 DTD 的约束性信息，以得到可以使用的 DTD 文档。

第二个阶段则是以 DTD 文档作为标准的应用阶段。显然，用户在这一阶段是使用已发布的 DTD 文档中的约束性描述，根据描述对象的实际情况完成一个有效的 XML 文档的构建。

3.7.3　DTD 存在的问题

从前面对 DTD 语法的介绍中可以看到，DTD 具有独立的语法，而且其语法较为复杂。DTD 虽然能对 XML 文档进行验证，但其本身并不是标记语言，也不符合 XML 文档标准。另外，DTD 的数据类型过于简单，元素几乎都声明为#PCDATA 类型，与用户对数据内容分类的需求有着非常大的差距。对于属性的数据类型来说，虽然其类型较多，但仍缺少常用的数据类型，如整数、日期等，不足以满足面向对象的结构的需要。因为，在这样的结构中往往需要多样化的数据类型。

此外，在 XML 文档中只能引用一份 DTD 文件，这说明一个 XML 文档只能对应一个 DTD 文件。然而，在工程实践中常常会遇到在使用一个公共的 DTD 文件进行 XML 实例化时，需要加入一些私有化的构建规则以完善公共 DTD 中的 XML 构建规则，以满足个性化的信息描述的需要。因此，当想要同时引用多个领域的 XML 构建规则时就会遇到很多困难。这也证实了 DTD 的扩展机制复杂且较弱。由此可见，随着信息环境的不断进步，DTD 所能提供的功能已显得不足。

第 4 章
XML Schema

在 XML 文档的“有效性”验证方面，XML 早期从 SGML 继承了文档类型定义 DTD，为“有效性”验证提供了一种机制，从其应用上来说基本上是适用的。但由于技术的进步，特别是在 XML 中引入了命名空间后，用 DTD 进行“有效性”验证就愈显困难。为了提供一套能跟上时代脚步的 XML“有效性”验证机制，由万维网联盟起草的 XML Schema 于 2000 年 10 月作为工作草案发布，最后于 2001 年 5 月成为建议发布。

4.1 命名空间

4.1.1 命名空间的概念

由于 XML 的可扩展性，XML 技术在各个领域的应用发展出各自独特的标准，例如用于出版业的 DocBook、印刷工业的 JDF 和 PPML 以及万维网联盟提供的标准等。随着应用的不断延伸拓展，会不可避免地出现多个标准间出现元素或属性重名的问题。如果没有一个机制来解决同名冲突的问题，同名的元素及属性的含义就会含混不清。如例程 4-1 中第一个“table”元素是用户自定义的元素，第二个“table”元素是 HTML 中的元素，这两个元素放在一起使用时，就会发生命名冲突问题。

例程 4-1：

```
第 1 个“table”元素（该内容非程序内容）
  <table ID="01">
       <name>African Coffee Table</name>
       <width>80</width>
       <length>120</length>
  </table>

第 2 个“table”元素（该内容非程序内容）
  <table align="left">
       <tr>
            <td>Apples</td>
```

```
            <td>Bananas</td>
        </tr>
    </table>
```

一个解决命名冲突问题的基本思路就是为元素及属性提供具有唯一性的辨识信息。因此，万维网联盟引入命名空间的概念。命名空间是零个或多个名称的集合。在命名空间中，每一个名称都是唯一的，并且是按照命名空间的规则来构建的。这样，名称就与命名空间建立了联系。

为了确保命名空间的唯一性，使用统一资源标识符（URI）对命名空间的地址进行标识。所谓 URI，是一串可以标识因特网资源的字符，它主要用来界定资源对象的名称。该资源对象一经命名即具有唯一性和永久性。URI 大致可以分为两种表现形式：一种是在浏览网站时用来标识因特网域名地址的统一资源定位器（uniform resource locator，URL），另一种是统一资源名称（uniform resource name，URN）。其中，URL 是由协议和目的地这两个主要部分构成的。例如 http://www. xaut. edu.cn。URN 则是由资源组织名和唯一字符串这两个主要部分构成的，基本语法为：

urn:<NID>:<NSS>

例如，书籍的 ISBN（International Standard Book Number，国际标准书号）就是一个典型的 URN。每一本书都会对应一个唯一的 ISBN，如 urn:ISBN:978-7-04-017181-3。

XML 引入命名空间后，某个 XML 应用标准中所有元素和属性的名称就构成一个命名空间。反过来，也要求一个应用标准中的元素和属性不能出现重名的问题。同时，命名空间也为元素和属性提供一个“双重”命名机制。名称的第一部分是 XML 命名空间的 URI，第二部分是元素或者属性名称本身，称为本地部分或本地名称。它们合起来组成了通用名称。这样，就可顺利解决元素或属性命名冲突问题。

任何人都可以建立命名空间，用户所需要做的就是安排一个 URI 来对它进行唯一标识，并决定哪些元素和属性名称属于这个空间。这个 URI 必须在控制之中，并且不能用来定义另一个不同的命名空间。

如果所使用的 XML 文档没有任何命名冲突，则可能不需要使用命名空间，单一组织中的 XML 文档经常属于这种情况。如果现在已经遇到了冲突，或者预料到将文档对外发布或接收外部文档时可能会发生冲突，那就最好使用 XML 命名空间。因此，在工程实践中，命名空间不仅可以用来解决命名冲突的问题，还可以用于在 XML 文档中去标识来自不同命名空间的不重名的元素或属性，以达到元素及属性的识别目的。例如，在一个已发布的 XML 应用标准中引入一个用户私有的 XML 元素或属性来完善现有的标准时，就可以使用命名空间来区分标准与私有这两类元素或属性。

4.1.2　命名空间的语法

命名空间在 XML 中的使用过程中，涉及命名空间的定义与使用两个方面。并且，命名空间的定义与使用是相互耦合的，即不同的定义方式与使用方式是关联的。也就是说，未来在 XML 文档中准备怎么使用命名空间，那么就要采用对应的命名空间定义语法。在 XML 的标准规范中，规定了两种命名空间的使用方式：前置命名法和默认命名法。引用一个命名空间时，只能选择其中一种方式。

（1）前置命名法

前置命名法就是定义命名空间时为命名空间取一个别名，并将其作为前缀。在使用前置命名法时，必须要在所有引用这个相同的命名空间的元素前加上该命名空间的别名。因此，前置命名法定义命名空间的语法通过“xmlns”指明 XML 文档中该元素要引用的命名空间，具体语法为：

xmlns：命名空间前缀=“URI”

其中，URI 就是用来标识命名空间的地址。需要注意的是，用来标识命名空间的网络地址并不被 XML 解析器调用，XML 解析器不需要从这个网络地址中查找信息，该网络地址的作用仅仅是给命名空间一个唯一的名称。因此，这个网络地址也可以是虚拟的。命名空间前缀则是给命名空间取的别名。

通过前置命名法的命名空间定义方法，就可以为前缀赋予一个与命名空间相关联的限定名称。也就是说，建立了一个唯一的前缀与命名空间的联系。例如，我们通过前置命名法实现对例程 4-1 中第一个“table”元素及其后代元素进行命名空间的声明，形成例程 4-2。

例程 4-2：

```
<f:table ID="01" xmlns:f="http://www.xaut.edu.cn/table">
    <f:name>African Coffee Table</name>
    <f:width>80</width>
   <f:length>120</length>
</f:table>
```

在例程 4-2 中，我们可以看到，只要是属于“http://www.xaut.edu.cn/table”命名空间的元素，都必须带上已定义的命名空间前缀“f”，且标注前缀的语法是“命名空间前缀:”，所以例程 4-2 中标注前缀的格式是“f:”。同时，我们还可以注意到命名空间的声明只需要在元素的开始标签中进行，而不需要在结束标签中重复声明。另外，由于属性与元素的关系是附属关系，当属性和元素同属于一个命名空间时，只需要对元素进行前缀标注，属性则默认继承了元素的命名空间，而无需对属性进行重复标注。当然，如果属性和元素不属于同一个命名空间，属性则需要进行对应的命名空间前缀标注。

（2）默认命名法

默认命名法相对于前置命名法，并不会给命名空间取一个别名。它是通过“xmlns”属性直接在元素的属性中声明该元素要引用的命名空间，因此，其具体的语法是：

xmlns=“URI”

有别于有前缀的前置命名法，在使用默认命名法时，元素一经引用命名空间，其后代元素就默认继承了相同的命名空间，而无需额外的声明，省去在所有后代元素中使用前缀的工作。 例如，通过默认命名法可实现对例程 4-1 中第二个“table”元素及其后代元素进行命名空间的声明，形成例程 4-3。

例程 4-3：

```
<table align="left" xmlns="http://www.w3.org/1999/xhtml">
```

```
    <tr>
        <td>Apples</td>
        <td>Bananas</td>
    </tr>
</table>
```

例程 4-3 中，在“table”元素中使用默认命名法声明了命名空间“http://www.w3.org/1999/xhtml”，所以其后代元素“tr”“td”元素以及“align”属性都属于该命名空间。基于此特点，默认命名法常用在 XML 文档的根元素中，以实现对全元素和属性的命名空间声明。

在工程实践中，时常需要在一个 XML 文档中同时使用多个命名空间，这时就可以全部使用前置命名法，或者组合使用前置命名法和默认命名法。通常，在 XML 文档中同时使用前置命名法和默认命名法时，默认命名法用于量大的命名空间，反之则使用前置命名法，这样将显著提高标注的效率，同时让 XML 变得更简洁。如例程 4-4 所示。

例程 4-4：

```
<table align="left" xmlns="http://www.w3.org/1999/xhtml" xmlns:t="http://www.xaut.edu. cn/tables">
    <tr    t:TimeStamp="2025-01-01T08:48:48+01:00">
        <td>Apples</td>
        <td>Bananas</td>
    </tr>
</table>
```

需要注意的是，同时在一个元素中通过默认命名法进行多个命名空间的引用是会产生语法错误的，因为解析器不知道这些相关的元素到底属于哪个命名空间。因此，在一个 XML 文档中，默认命名法通常只使用一次，而其他的命名空间则使用前置命名法，只需要命名空间的前缀取名具有差异。

4.2 XML Schema 概述

XML Schema 主要是为了弥补 DTD 功能上的不足，一般也称其为 XSD（XML schema definition，XML 模式定义）。XML Schema 必须作为一个独立文件的形式存在，其文件的扩展名是“.xsd”。与之对应的 XML 文档则被视为 XML Schema 的一个实例化。

4.2.1 XML Schema 的特点

Schema 一词来自希腊语，含义为格式或形式。在有些中文资料中将其翻译为模式或架构，为了避免混淆，本书采用其英文原文。

XML Schema 提供了 XML 文档结构和内容约束机制，以验证格式良好的 XML 文档的有效性。因此，XML Schema 需要定义：可出现在文档中的元素与属性，这些元素和属性的数据类型、默认值以及固定值，哪个元素是子元素以及这些子元素的次序和数目，元素是否为空或者是否可包含文本，等等。

根据 W3C 的描述，XML Schema 的标准共分为 3 个部分：第一部分为引导，总体介绍 XML Schema，以帮助读者快速理解如何使用 XML Schema 语法创建 XML Schema 文档；第二部分为结构，为描述 XML 1.0 文档结构和内容约束提供了文档定义；第三部分是数据类型，为 XML Schema 及其他 XML 规范定义了数据类型，让用户定义出更明确的类型。第二部分和第三部分合起来是对 XML Schema 语法规范的完整描述。

DTD 是从 SGML 继承而来的。SGML 是为描述性文档而设计的标记语言，DTD 可以满足这些文档的需求。但是 XML 远远超越了 SGML 的范围，在一些新的应用领域，DTD 的局限性就暴露出来了。XML Schema 则是通过定义一种新的基于 XML 的语法来描述 XML 文档允许的内容。从功能上说，XML Schema 与 DTD 大致是相同的，都用于验证 XML 文档的有效性，但整体来说，XML Schema 相比于 DTD 更强大，并体现在以下突出的特点上：

①XML Schema 使用 XML 的语法，本身就是格式良好的 XML 文档；而 DTD 本身并不是标记语言，有自己的一套语法。这可以帮助 XML 用户在使用 XML Schema 时快速掌握其相关语法以节省时间。

②由于 XML Schema 本身是 XML 的一种应用，因此，XML 编辑工具、API 开发包、XML 语法分析器等可以直接用于 XML Schema 相关处理，而不带来额外的负担。

③DTD 文件并不支持命名空间，即 XML 文档同时只能引用一份 DTD，如果想要同时引用多个领域的 XML 规则会遇到很多困难。然而，由于 XML Schema 来自 XML，所以完全支持命名空间的规范，可以针对元素来设置所要引用的命名空间，因此，可以使 XML 文档有更大的扩展性。

④DTD 对 XML 的描述可以被用作验证 XML 的有效性，但 DTD 本身的有效性却缺少较好的验证机制，必须独立处理。XML Schema 则不同，它与 XML 有着同样的“有效性”验证机制。如图 4-1 所示，XMLSpy 软件可以通过“有效性”检测来对 XML Schema 文档进行“有效性”验证。通过“有效性”验证的 XML Schema 文档就说明其语法没有问题。

⑤DTD 定义中，元素仅有#PCDATA 类型，即所谓的字符串类型，而属性类型也仅有 10 种类型。XML Schema 允许编程人员定义许多数据类型，如布尔型、数值型、日期和时间型、URI 型、整数、小数等。除了这些预先定义好的简单类型之外，还可以根据需要方便地建立其他定制化的复杂数据类型，而复杂数据类型则是由简单数据类型组合出的集合，因此，可与面向对象的结构、类别相适应，以满足网络应用中对各类数据处理的需求。

基于这些丰富的数据类型，通过 XML Schema，数据通信的发送方可以用一种接收方能够明白的方式来描述数据。例如 “01-10-2025”数据，在某些国家被解释为 10 月 1 日，而在另一些国家中被当作 1 月 10 日。但是一个带有数据类型的 XML 元素，比如“<date type="date">2004-03-11</date>”，可确保对内容一致的理解。这是因为 XML Schema 的数据类型“date”要求的格式是“YYYY-MM-DD”。

⑥XML Schema 是可扩展的，因为 XML Schema 由 XML 语法编写。通过可扩展的 XML Schema 定义，用户可以创建由标准类型衍生而来的数据类型，在相同的文档中可以引用多重的 XML Schema 文件，也可以在其他 XML Schema 文件中重复使用自己创建的 XML

Schema 文件。

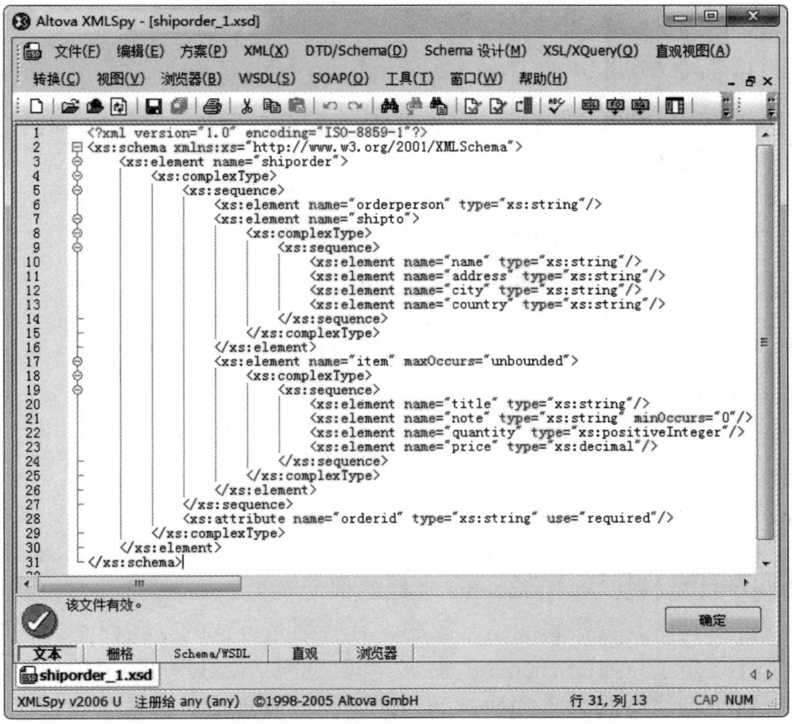

图 4-1　XML Schema 文档在 XMLSpy 软件中的“有效性”验证

4.2.2　XML Schema 的根元素

XML Schema 的使用方式与 DTD 的使用方式是不一样的，只能通过引用外部的 XML Schema 文件来进行 XML 文档的“有效性”验证。下面，我们通过实例来理解 XML Schema。

例如，首先有如例程 4-5 所示的 XML 文档，然后，可以针对该 XML 文档的内容来制定出一个用于“有效性”验证的 XML Schema 文档。例程 4-6 是创建出的 XML Schema 文档。保存 XML Schema 文档时，会生成一个扩展名为“.xsd”的文档。例如，保存例程 4-6 的代码时通过对文件取名为“note”后就可以得到 XML Schema 文档“note.xsd”。

例程 4-5：

```
<?xml version="1.0" encoding="UTF-8"?>
<note>
    <to>XML</to>
    <from>Human</from>
    <heading>HELLO</heading>
    <body>Hello,XML World!</body>
</note>
```

例程 4-6：

```
<?xml version="1.0"?>
<xs:schema xmlns:xs="http://www.w3.org/2001/XMLSchema" >
  <xs:element name="note">
     <xs:complexType>
        <xs:sequence>
                             <xs:element name="to" type="xs:string"/>
                             <xs:element name="from" type="xs:string"/>
                             <xs:element name="heading" type="xs:string"/>
                             <xs:element name="body" type="xs:string"/>
        </xs:sequence>
     </xs:complexType>
  </xs:element>
</xs:schema>
```

通过例程 4-6 可以发现，XML Schema 文档的根元素为“schema”。“schema”元素可以有较为丰富的属性。其中，有些属性是必需的，有些则是可选的。例程 4-6 中的“xmlns”属性是必需的，它还规定了 XML Schema 的命名空间“http://www.w3.org/2001/XMLSchema”。需要注意的是，这个命名空间是不能变更的。因为，标准规范里规定了只有这个命名空间的元素和属性，才能完成对 XML Schema 的声明工作。示例中，xmlns:xs 则声明了 XML Schema 的命名空间的前缀为“xs”。因此，使用该命名空间的元素和数据类型时应该使用前缀“xs”。也就是说，所有使用了“xs”前缀的元素和数据类型，都来自“http://www.w3.org/2001/XMLSchema”命名空间。

此外，常用到的属性还会有 targetNamespace、elementFormDefault 和 attributeFormDefault。“targetNamespace”属性的实质作用是为 XML Schema 定义的内容指定目标命名空间。也就是在后续使用此 XML Schema 声明的元素和属性，且需要使用命名空间的情况下，可以使用这个指定的命名空间。

例程 4-7：

```
<?xml version="1.0"?>
<xs:schema xmlns:xs="http://www.w3.org/2001/XMLSchema"
           xmlns="http://www.xaut.edu.cn"
           targetNamespace="http://www.xaut.edu.cn" >
<xs:element name="note">
     <xs:complexType>
        <xs:sequence>
                             <xs:element name="to" type="xs:string"/>
                             <xs:element name="from" type="xs:string"/>
                             <xs:element name="heading" type="xs:string"/>
```

```
                <xs:element name="body" type="xs:string"/>
        </xs:sequence>
      </xs:complexType>
    </xs:element>
</xs:schema>
```

例程 4-7 中，则是通过“targetNamespace”属性为此 XML Schema 所声明的元素和属性指定了目标命名空间“http://www.xaut.edu.cn”。工程实践中，用户在进行 XML Schema 声明时，可以不指定目标命名空间。因此，这个目标命名空间的声明在 XML Schema 中是可选的。

如果用户在 XML Schema 声明时，需要指定对应的目标命名空间，那就必须在 XML Schema 根元素中，使用“xmlns”属性声明出这个目标命名空间。也就是说，如果需要使用“targetNamespace”属性时，就必须使用“xmlns”属性先声明出这个命名空间。

“elementFormDefault”属性用于声明 XML Schema 元素是否必须带有命名空间前缀，其属性值可设置为 qualified 或 unqualified，缺省值为 unqualified。

“attributeFormDefault”属性用于声明 XML Schema 定义目标命名空间下的属性是否带命名空间前缀，其属性值可设置为 qualified 或 unqualified，缺省值为 unqualified。

例程 4-8：

```
<?xml version="1.0"?>
<xs:schema xmlns:xs="http://www.w3.org/2001/XMLSchema"
           xmlns:xut="http://www.xaut.edu.cn"
           targetNamespace="http://www.xaut.edu.cn"
           elementFormDefault=“qualified” >
  <xs:element name="note">
    <xs:complexType>
      <xs:sequence>
                <xs:element name="to" type="xs:string"/>
                <xs:element name="from" type="xs:string"/>
                <xs:element name="heading" type="xs:string"/>
                <xs:element name="body" type="xs:string"/>
      </xs:sequence>
    </xs:complexType>
  </xs:element>
</xs:schema>
```

例程 4-8 在 XML Schema 中指定了目标命名空间，并且声明了目标命名空间使用“xut”这个限定短名作为前缀。由于“elementFormDefault”属性被设置为 qualified，因此，此 XML Schema 实例化后在 XML 文档中使用局部元素时，必须使用限定短名“xut”作为前缀。例程 4-9 是例程 4-8 中 XML Schema 的实例化，因此，所有元素都有“xut”前缀。当然，如果

“elementFormDefault”属性为 unqualified，那么在 XML 文档中使用局部元素时则可以省略此限定短名。

例程 4-9：

```
<?xml version="1.0" encoding="UTF-8"?>
<xut:note xmlns:xsi="http://www.w3.org/2001/XMLSchema-instance"
        xsi:noNamespaceSchemaLocation="note.xsd"
        xmlns:xut="http://www.xaut.edu.cn">
    <xut:to>XML</xut:to>
    <xut:from>Human</xut:from>
    <xut:heading>HELLO</xut:heading>
    <xut:body>Hello， XML World!</xut:body>
</xut:note>
```

4.2.3 XML Schema 的实例化

XML Schema 的实例化是指将 XML Schema 定义的结构和规则应用到具体的 XML 文档中，以确保该文档符合预定义的 XML Schema。反过来，XML 文档的“有效性”可以通过其实例化对应的 XML Schema 来进行检验。

在 XML Schema 的实例化过程中，用户可以在 XML 文档根元素的开始标签中，通过特定的属性将此 XML Schema 在 XML 文档中进行引用。这里，首先需要引入万维网联盟给定的、用于 XML Schema 实例化的命名空间“http://www.w3.org/2001/XMLSchema-instance”，然后就是指明 XML Schema 文档的信息。其中，命名空间通过“xmlns”属性来实现，对于 XML Schema 文档信息则通过 XML Schema 实例化的命名空间中的“noNamespaceSchemaLocation”属性或“schemaLocation”属性来实现在 XML 文档与 XML Schema 文档之间建立联系，进而完成实例化。

“schemaLocation”属性的属性值由两个值组成，第一个值是 XML Schema 文档对应的命名空间；第二个值是 XML Schema 文档的 URL，两个值之间使用空格进行连接。如果 XML Schema 文档内没有声明目标命名空间，那就使用“noNamespaceSchemaLocation”属性。“noNamespaceSchemaLocation”属性的属性值只是 XML Schema 文档的 URL。

例程 4-6 所声明的 XML Schema 中没有声明目标命名空间，因此，在进行实例化后可以得到例程 4-10 所示的 XML 文档。在例程 4-10 中，其根元素“note”的开始标签内添加了“xmlns”属性，实现了将“http://www.w3.org/2001/XMLSchema-instance”命名空间引入，并赋予了一个前缀“xsi”。另一个属性“noNamespaceSchemaLocation”则指定了对应的 XML Schema 文档“note.xsd”。在 XMLSpy 软件中，该 XML 文档进行“有效性”验证后，便可得到图 4-2 所示的结果。

例程 4-10：

```
<?xml version="1.0" encoding="UTF-8"?>
```

```
<note xmlns:xsi="http://www.w3.org/2001/XMLSchema-instance"
        xsi:noNamespaceSchemaLocation="note.xsd">
    <to>XML</to>
    <from>Human</from>
    <heading>HELLO</heading>
    <body>Hello，XML World!</body>
</note>
```

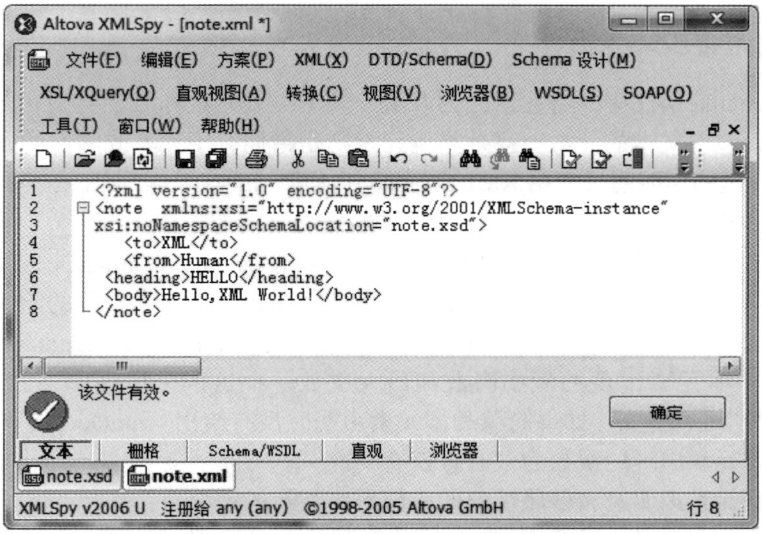

图 4-2　XML 文档在 XMLSpy 软件中的“有效性”验证

在 XML Schema 文档实例化的过程中，当 XML Schema 文档声明有目标命名空间时，在 XML 文档根元素的开始标签中，除了“xmlns”属性外，还需要添加“noNamespaceSchemaLocation”属性或“schemaLocation”属性。反之，如果 XML Schema 文档没有声明目标命名空间，则除了“xmlns” 属性外，只能使用“noNamespaceSchemaLocation”属性来指明 XML Schema 文档的信息。

在例程 4-6 中，在所声明的 XML Schema 中声明了目标命名空间，因此，在实例化的 XML 文档内，可以使用 noNamespaceSchemaLocation 属性或 schemaLocation 属性中的一个。例程 4-11 则是使用了“schemaLocation”属性来指明 XML Schema。

例程 4-11：

```
<?xml version="1.0" encoding="UTF-8"?>
<note xmlns:xsi="http://www.w3.org/2001/XMLSchema-instance"
            xsi:schemaLocation="http://www.xaut.edu.cn note.xsd">
    <to>XML</to>
    <from>Human</from>
```

```
    <heading>HELLO</heading>
    <body>Hello，XML World!</body>
</note>
```

4.3 XML Schema 语法

4.3.1 简单类型元素声明

在 XML Schema 语法中，将元素分为两类：简单类型元素和复杂类型元素。所谓简单类型元素，是指只包含文本的元素。复杂类型元素则是指拥有子元素或属性的元素。

简单类型元素的声明通过使用 XML Schema 中（即“http://www.w3.org/2001/XMLSchema”命名空间）的“element”元素来实现，其基本的语法格式如下：

<xs:element name="元素名" type="数据类型" minOccurs="int" maxOccurs="int" />

语法中，“xs”为“http://www.w3.org/2001/XMLSchema”命名空间的前缀；“name”属性用于声明元素的名称；“type”属性声明了元素的数据类型；“minOccurs”和“maxOccurs”属性分别用于声明元素出现的最小次数和最大次数。在这四个属性中，“minOccurs”和“maxOccurs”属性是可选的。如果简单类型元素声明时没有给出“minOccurs”和“maxOccurs”属性，则默认此元素出现的次数为“有且仅有一次”。

在简单类型元素声明时，各属性值的取值需要注意的情况有：

①“name”属性的值：应遵循 XML 元素名称的命名规则。

②“type”属性的值：数据类型取值可为 XML Schema 的内置数据类型，也可以是用户自定义的数据类型。

③“minOccurs”属性的值：最小值可为 0。

④“maxOccurs”属性的值：最大值为“unbounded”。

XML Schema 的内置数据类型包含内置基本数据类型和内置派生数据类型。XML Schema 支持数十种内置数据类型，表 4-1 是常用的内置基本数据类型，表 4-2 是常用的内置派生数据类型。这里需要注意的是，当用户在使用这些内置数据类型的时候，必须在对应数据类型前添加 XML Schema 命名空间“http://www.w3.org/2001/XMLSchema”的限定短语前缀，例如“xs”。否则，将不被视为 XML Schema 的内置数据类型。也就是说，会被视为用户自定义的数据类型。自定义数据类型的声明，将在第 4.3.2 小节进行详细学习。

表 4-1 内置基本数据类型

数据类型	描述	备注
string	表示字符串，原封不动地保留所有空白	字符串及其相关类型
Qname	表示带有命名空间的名称，即 XML 命名空间前缀加上名称的字符串，格式为 prefix:name	

续表

数据类型	描述	备注
decimal	表示特定精度的数字	数值类型
float	单精度 32 位浮点数，支持科学记数法	
double	双精度 64 位浮点数，支持科学记数法	
hexBinary	表示十六进制数	
date	表示日期格式 YYYY-MM-DD 的时间	日期类型
gYearMonth	表示年月格式 YYYY-MM 的时间	
gYear	表示年格式 YYYY 的时间	
gMonthDay	表示月日格式 MM-DD 的时间	
getDay	表示日期格式 DD 的时间	
getMonth	表示月份格式 MM 的时间	
duration	表示持续时间 P*n*Y*n*M*n*DT*n*h*n*m*n*s，P 为起始界定符，T 为分隔符，s 前面的 *n* 可以是小数（最多可显示三位小数，即支持到毫秒级）	时间类型
dateTime	表示特定的时间 YYYY-MM-DDThh：mm：ss：sss，sss 表示毫秒	
time	表示特定的时间 hh：mm：ss：sss，sss 表示毫秒	
boolean	表示布尔值，只能接收 true、false、0、1	布尔类型
anyURI	表示一个 URI，用来定位文件	anyURI 类型
NOTAITION	表示 XML 中的 NOTAITION 类型，不能在模式中直接出现的抽象类型，只能用于派生其他类型	NOTATION 类型

表 4-2　内置派生数据类型

数据类型	描述	备注
NMTOKEN	必须是合法的 XML 名称，只能由字母、数字、“_”、“-”、“.”、“:”组成	string 类型派生出来用于约束属性的类型
NMTOKENS	多个 NMTOKEN，空格为分隔符	
ID	标识符，无 DTD 中对首字符必须为字母的约束	
IDREF	引用另一个 ID	
IDREFS	引用多个已有的 ID，空格为分隔符	
ENTITY	外部实体	
ENTITIES	多个外部实体，空格为分隔符	

续表

数据类型	描述	备注
normalizedString	将字符串内容包含的换行、制表符和回车符都替换成空白	string 类型派生出来的类型
token	将字符串内容包含的换行、制表符和回车符都替换成空白，自动删除字符串前后的空白；如果字符串中包含多个连续的空白，则会被压缩为一个空白	
language	定义合法的语言代码	
Name	含有一个有效的 XML 名称的字符串	
NCName	省略或不带有命名空间前缀的 XML 名称字符串，不含冒号	
integer	无限制整数类型，范围无限制	decimal 类型派生出来的类型
nonNegativeInteger	无限制的非负整数，范围为大于等于 0	
nonPositiveInteger	无限制的非正整数，范围为小于 0	
long	64 位的有符号整数	
positiveInteger	无限制的正整数，范围为大于等于 1	
negativeInteger	无限制的负整数，范围为小于-1	
unsignedLong	64 位的无符号整数	
int	32 位的有符号整数，范围在-2147483648 到 2147483647 之间	
unsignedInt	32 位的无符号整数，范围在 0 到 4294967295 之间	
short	16 位有符号整数，范围在-32768 到 32767 之间	
unsignedShort	16 位无符号整数，范围在 0 到 65535 之间	
byte	8 位有符号整数，范围在-128 到 127 之间	
unsignedByte	8 位无符号整数，范围在 0 到 255 之间	

如例程 4-5 中，“to”、“from”、“heading”和“body”元素都是只包含文本数据。因此，它们都可以使用 XML Schema 简单类型元素进行声明，从而获得例程 4-6 中相关元素的声明代码。例如，“to”元素的声明代码为“<xs:element name="to" type="xs:string"/>”。

在声明简单类型元素时，还可以分别使用可选的“default”属性和“fixed”属性，来声明默认值和固定值。所谓默认值，是指当没有其他的值被规定时，默认值就会自动分配给元素，其声明的语法格式为：

```
<xs:element name="元素名" type="数据类型" default="默认值" />
```

例程 4-12 中声明的“color”元素具有默认的文本数据“red”。在 XML 文档中，该元素没有填入文本数据时，将会自动将“red”分配给它。

例程 4-12：

```
<xs:element name="color" type="xs:string" default="red"/>
```

固定值则是用户无法用声明的固定值之外的其他值作为元素的文本数据，其声明的语法格式为：

```
<xs:element name="元素名" type="数据类型" fixed="默认值" />
```

例程 4-13 中声明了“color”元素具有固定的文本数据“red”。所以“<color>blue</color>”就是一个非有效的元素。

例程 4-13：

```
<xs:element name="color" type="xs:string" fixed="red"/>
```

4.3.2　XML Schema 自定义数据类型

在工程实践中，往往对用户输入的数据组合有很多细节的约束。例如，我们在输入密码字符串时，会对里面的字符组成有要求。如果在 XML Schema 声明时，仅仅使用 string 类型，后续在对其进行实例化时，这将会对数据的错误输入带来不敏感性。也就是说，实例化时，XML 文档即使使用了不符合预期的字符组合也能顺利地通过“有效性”检测。因此，为了实现对数据更细节的约束，XML Schema 允许用户通过自定义数据类型来实现对数据更多细节的声明。

所谓自定义数据类型，是指用户可向内置基本数据类型添加限定来获得自行定义的数据类型。XML Schema 在自定义数据声明时，根据用户需要可以添加的限定是非常丰富的，例如：对一组值的限定、对一系列值的限定、对一系列值的其他限定 、对空白字符的限定和对长度的限定等。通过这些限定，就可以在内置数据类型的基础上，实现数据类型的极大扩展，从而满足用户更加个性化的数据类型需求。

在 XML Schema 中，可使用“simpleType”元素以及其子元素“restriction”的“base”属性指明自定义数据类型派生于哪种基本数据类型，并在其内部描述自定义数据类型的限定细节。自定义数据声明的语法格式如下：

```
<xs:simpleType name=“name”>
    <xs:restriction base=“xs:datatypes”>
        <xs:facets_element value=“value”/>
            …
    </xs:restriction>
</xs:simpleType>
```

上述语句中，“name”属性指明用户自定义的数据类型名称，后续在使用该数据类型时，直接使用该名称即可。“base”属性指明自定义数据类型派生于哪种内置数据类型。“facets_element”子元素用于描述自定义数据类型的细节，如长度、范围、枚举列表等限制。在具体运用时，“facets_element”子元素使用表 4-3 中具体的限定元素名称取代。

表 4-3　自定义数据类型的限定细节

限定元素	描述
enumeration	定义可接收值的一个列表
fractionDigits	定义所允许的最大的小数位数，必须大于等于 0
length	定义所允许的字符或者列表项目的精确数目，必须大于或等于 0
maxExclusive	定义数值的上限，所允许的值必须小于此值
maxInclusive	定义数值的上限，所允许的值必须小于或等于此值
maxLength	定义所允许的字符或者列表项目的最大数目，必须大于或等于 0
minExclusive	定义数值的下限，所允许的值必须大于此值
minInclusive	定义数值的下限，所允许的值必须大于或等于此值
minLength	定义所允许的字符或者列表项目的最小数目，必须大于或等于 0
pattern	定义可接收的字符的精确序列
totalDigits	定义所允许的阿拉伯数字的精确位数，必须大于 0

表 4-3 中给出了常用的自定义数据类型的限定细节。这些限定细节将为用户个性化的数据类型定制提供便利。下面我们通过常遇到的几种限定来进一步理解自定义数据类型的声明。

（1）对一组值的限定

例程 4-14 中，使用“enumeration”限定元素实现基于 string 数据类型进行枚举约束，获得一个名称为“carType”的自定义数据类型。“carType”数据类型被限制为一组可接收的值：HUAWEI 和 BYD。“car_manufacturers”元素声明后，使用此数据类型时就直接在“type”属性值中使用 carType 数据类型。这种方式有一个优势是，自定义数据类型可以利用数据类型的名称，可以被其他元素的声明重复使用，而不需要重复声明。如例程 4-15 所示，即在“car_brand”元素声明时也使用了 carType 数据类型。

例程 4-14：

```
<xs:element name="car_manufacturers" type="carType"/>
<xs:simpleType name="carType">
        <xs:restriction base="xs:string">
            <xs:enumeration value="HUAWEI"/>
            <xs:enumeration value="BYD"/>
        </xs:restriction>
</xs:simpleType>
```

例程 4-15：

```
<xs:element name="car_manufacturers" type="carType"/>
```

```
<xs:element name="car_brand" type="carType"/>
<xs:simpleType name="carType">
        <xs:restriction base="xs:string">
            <xs:enumeration value="HUAWEI"/>
            <xs:enumeration value="BYD"/>
        </xs:restriction>
</xs:simpleType>
```

例程 4-14 也可写为例程 4-16。在例程 4-16 中，“simpleType”元素作为“element”元素的子元素。这样，“simpleType”元素所声明的自定义数据类型没有自己的数据类型名称，只能作为其父元素中所声明元素的数据类型的声明，而不能被其他元素的声明重复使用。

例程 4-16：

```
<xs:element name="car_manufacturers">
    <xs:simpleType>
        <xs:restriction base="xs:string">
            <xs:enumeration value="HUAWEI"/>
            <xs:enumeration value="BYD"/>
        </xs:restriction>
    </xs:simpleType>
</xs:element>
```

（2）对值的限定

在某些应用场景中，用户填入的值可能需要控制在一个合理的范围内，因此，可以基于 integer 类型定义数值的上限与下限。例程 4-17 中，针对描述班级规模信息的“class_size”元素声明了其内容可接收的数值范围为 0～35，那么“<class_size>36</class_size>”就无法通过“有效性”检测。

例程 4-17：

```
<xs:element name="class_size">
    <xs:simpleType>
        <xs:restriction base="xs:integer">
            <xs:minInclusive value="0"/>
            <xs:maxInclusive value="35"/>
        </xs:restriction>
    </xs:simpleType>
</xs:element>
```

（3）对一系列值的限定

XML 元素的内容限制定义为一系列可使用的数字或字母，就要使用模式约束。如在密码设定时，要求可接收的值是由 6 个字符组成的一行字符串，这些字符必须是大写字母 A～Z 或小写字母 a～z，抑或数字 0～9。那么我们就可以使用例程 4-18 中的代码进行声明。

例程 4-18：

```
<xs:element name="password">
    <xs:simpleType>
      <xs:restriction base="xs:string">
        <xs:pattern value="[a-zA-Z0-9]{6}"/>
      </xs:restriction>
    </xs:simpleType>
</xs:element>
```

在例程 4-18 中，“[a-zA-Z0-9]{6}”匹配模式是使用了正则表达式（regular expression，regex）。正则表达式是一种强大的文本模式匹配工具，由普通字符（如字母和数字）和特殊字符（元字符）组成，用于描述、匹配一系列符合特定规则的字符串，广泛应用于各种编程语言、文本编辑器和命令行工具中，如 JavaScript、Python 等。普通字符包括没有显式指定为元字符的所有可打印和不可打印字符，元字符用于控制匹配规则的逻辑和行为。常用的元字符及其功能如表 4-4 所示。

表 4-4　正则表达式中常用的元字符及其功能

元字符	功能
[]	匹配括号中任一字符。例如，[abc]可以匹配“a”、“b”或“c”
{m}	匹配前面的字符恰好出现 *m* 次
{m，n}	匹配前面的字符至少出现 *m* 次，但不超过 *n* 次。例如，[0-9]{3，5}匹配 3 位数字或 4 位数字
.	匹配除换行符以外的任意单个字符
*	匹配前面的字符零次或多次。例如，colou*r 可以匹配“color”或“colour”
+	匹配前面的字符一次或多次。例如，[0-9]+匹配一个或多个数字
?	匹配前面的字符可以出现零次或一次
()	将多个模式组合成一个更复杂的模式，并指定匹配的顺序
		表示可以选择多个模式中的任何一个进行匹配
^	表示取反，即匹配不在括号内的字符。例如[^0-9]，表示匹配任何非数字字符

（4）对空白字符的限定

通常，用户输入一个字符串时，需要对其中的空白字符的处理方式进行设定（保留、去除或缩减），我们需要使用 “whiteSpace”元素来限定。例如在输入一段对话内容时，需要对空白字符进行保留，那么就可以基于 string 数据类型进行自定义数据类型声明。

例程 4-19：

```
<xs:element name="dialogue">
    <xs:simpleType>
      <xs:restriction base="xs:string">
          <xs:whiteSpace value="preserve"/>
      </xs:restriction>
    </xs:simpleType>
</xs:element>
```

例程 4-19 中，“whiteSpace”限定被设置为“preserve”，这意味着 XML 处理器不会移除任何空白字符。“whiteSpace”限定还可以设置为 replace 和 collapse。replace 意味着 XML 处理器将移除所有空白字符（换行、回车、空格以及制表符）。collapse 则意味着 XML 处理器将换行、回车、空格以及制表符替换为空格，将开头和结尾的空格移除，将多个连续的空格缩减为一个单一的空格。

（5）对长度的限定

如需限制元素内容中值的长度，用户需要使用 length、maxLength 以及 minLength 这些限定。通过“length”限定，可以精确到具体的字符个数。通过“maxLength”和“minLength”限定，则可实现对字符最少个数和最多个数的约束声明。例程 4-20 声明了“password”元素内容必须精确到 6 个字符，例程 4-21 声明了“password”元素内容最少为 4 个字符，最多为 6 个字符。

例程 4-20：

```
<xs:element name="password">
    <xs:simpleType>
      <xs:restriction base="xs:string">
         <xs:length value="6"/>
      </xs:restriction>
    </xs:simpleType>
</xs:element>
```

例程 4-21：

```
<xs:element name="password">
    <xs:simpleType>
        <xs:restriction base="xs:string">
            <xs:minLength value="4"/>
```

```
            <xs:maxLength value="6"/>
        </xs:restriction>
    </xs:simpleType>
</xs:element>
```

4.3.3 属性声明

通过 XML 基本语法的学习，我们了解到属性包含两部分信息：属性本身信息和属性从属信息。属性本身信息指的是属性名称和属性值，属性从属信息是指属性从属于哪个元素。

XML Schema 在声明属性时，将属性本身信息和属性从属信息分为两部分来实现。属性本身信息的声明是通过类似简单类型元素的声明语法实现的，属性从属信息的声明则是通过复杂元素的声明来实现。在这一小节中，我们重点学习属性本身信息的声明。

XML Schema 使用了其命名空间中的“attribute”元素，属性声明和简单类型元素的声明一样，分别使用了“name”属性、“type”属性来声明属性名称和属性值的数据类型，其具体的语法格式是：

```
<xs:attribute name="属性名称" type="数据类型"/>
```

其中，属性值的数据类型和元素内容的数据类型一样，可以根据实际需要使用内置数据类型或自定义数据类型。

例程 4-22：

```
<xs:attribute name="date" type="xs:date"/>
```

例程 4-22 展示了声明“date”属性，且其属性值的数据类型为内置数据类型 date。因此，“date”属性值的内容格式应该是 YYYY-MM-DD 格式。

进一步，属性是否可选、属性的默认值和固定值等信息可以通过可选的属性“use”“default”“fixed”来实现。

在“use”属性缺省的情况下，所声明的属性是可选的。如需规定声明的属性为必选，则要使用“use”属性，并设定其值为 required，其语法格式为：

```
<xs:attribute name="属性名称" type="数据类型" use="required"/>
```

其中，“use”属性的值还可以是 optional 和 prohibited。optional 表述该属性可有可无，这是默认值；prohibited 用于在“restriction”元素中以限制属性的使用。

因此，要让例程 4-22 中声明的“date”属性是必选的，那可以改为例程 4-23 中的声明代码。

例程 4-23：

```
<xs:attribute name="date" type="xs:date" use="required"/>
```

当使用“default”和“fixed”来声明默认值和固定值时，其语法格式分别是：

```
<xs:attribute name="属性名称" type="数据类型" default="默认值"/>
<xs:attribute name="属性名称" type="数据类型" fixed="固定值"/>
```

例如，将例程 4-22 中声明的“date”属性的属性值固定在“1949-10-01”，其代码应该如例程 4-24 所示。

例程 4-24：

```
<xs:attribute name="date" type="xs:date" fixed="1949-10-01"/>
```

4.3.4 复杂类型元素声明

XML Schema 中，将包含其他元素或属性的 XML 元素称为复杂类型元素。一般来说，复杂类型元素有 5 种，分别是仅包含属性的空元素、仅包含元素的元素、包含文本和属性的元素、包含元素和属性的元素、混合元素。

XML Schema 的声明语法中，使用“complexType”元素声明其子元素的名称、数据类型和属性等。通常，会将“complexType”元素作为“element”元素的直接子元素。另一种方法，则是在“complexType”元素里通过“name”属性指定一个自定义数据类型名称。然后，在其他的“element”元素中，通过“type”属性值进行引用。这两种方式，都是复杂类型元素声明的通用方式，但第二种方式可以实现已声明的复杂类型元素的高效复用。在本节中将基于第一种方式进行复杂类型元素声明的学习，对于可重用的第二种方式将在第 4.3.5 小节中进行学习。

针对不同类型的复杂类型元素，XML Schema 声明语法的差异主要体现在“complexType”元素中的具体内容。

（1）仅包含属性的空元素声明

在 XML 文档中，不包含属性的空元素无信息量，因此，我们通常遇到的都是仅包含属性的空元素。当声明这类空元素时，把包含的属性声明作为“complexType”元素的子元素即可。其具体的语法格式是：

```
<xs:element name="空元素名">
    <xs:complexType>
        <xs:attribute name="属性名称" type="数据类型"/>
        …
    </xs:complexType>
</xs:element>
```

例程 4-25 中声明了一个包含“date”属性的“note”空元素。那么在“complexType ”元素中，则是将“date”属性声明语句直接作为子元素进行使用。那么“<note date= "1949-10-01 " />”可以通过“有效性”检测。

例程 4-25：

```
<xs:element name="note">
  <xs:complexType>
```

```
    <xs:attribute name="date" type="xs:date"/>
  </xs:complexType>
</xs:element>
```

通过示例可以注意到，通过属性声明语句包含于元素声明中，从而可以实现属性从属信息的声明。

（2）仅包含元素的元素声明

XML Schema 声明仅包含元素的元素的具体语法格式是：

```
<xs:element name="元素名称">
    <xs:complexType>
        <xs:顺序指示器>
            <xs:element name="子元素名" type="数据类型"/>
                …
        </xs:顺序指示器>
    </xs:complexType>
</xs:element>
```

其中，“顺序指示器”表述子元素出现的次序，合法的取值为 sequence、all 或 choice。sequence 指示器表示子元素必须以它们被声明的次序出现；all 指示器表示子元素可以任意顺序出现；choice 指示器表示子元素在声明的元素里选择一个。在实际应用中，可以根据子元素需要出现的次序要求，分别选择 sequence、all 或 choice 中的一个进行使用。

例程 4-26 声明了一个包含子元素“firstname”以及“lastname”的复杂类型元素“person”。由于子元素被声明在 “sequence”元素中，这意味着子元素必须以它们被声明的次序出现。因此，例程 4-27 中的元素不能通过“有效性”检测。

例程 4-26：

```
<xs:element name="person">
  <xs:complexType>
    <xs:sequence>
      <xs:element name="firstname" type="xs:string"/>
      <xs:element name="lastname" type="xs:string"/>
    </xs:sequence>
  </xs:complexType>
</xs:element>
```

例程 4-27：

```
<person>
    <firstname 望道</firstname>
    <lastname>陈</lastname>
```

```
</person>
```

（3）包含文本和属性的元素声明

在声明包含文本和属性的元素时，XML Schema 通过“complexType”元素添加“simpleContent”子元素进行声明。如果需要在文本的基础上扩展属性，则进一步使用“extension”元素进行扩展，其具体的语法格式是：

```
<xs:element name="元素名">
  <xs:complexType>
    <xs:simpleContent>
      <xs:extension base="数据类型">
          <xs:attribute name="属性名称" type="数据类型"/>
          …
      </xs:extension>
    </xs:simpleContent>
  </xs:complexType>
</xs:element>
```

其中，“extension”规定的数据类型表明了元素文本的数据类型。

例程 4-28：

```
<xs:element name="person">
  <xs:complexType>
    <xs:simpleContent>
      <xs:extension base="xs:string">
        <xs:attribute name="country" type="xs:string" />
      </xs:extension>
    </xs:simpleContent>
  </xs:complexType>
</xs:element>
```

例程 4-28 声明了“person”元素，其内容为字符串，并且含有名为“country”的属性。那么“<person country="中国">陈望道</person>”是有效的。

如果只包含文本数据，而不包含属性，还可以通过在“simpleContent”元素内添加“restriction”元素，实现对基类型进行限定得到新数据类型的文本内容。具体的语法格式是:

```
<xs:element name="元素名">
  <xs:complexType>
    <xs:simpleContent>
      <xs:restriction base="数据类型">
          …
```

```
            </xs:restriction>
          </xs:simpleContent>
        </xs:complexType>
      </xs:element>
```

此时，复杂类型元素和简单类型元素的 XML Schema 声明实现了统一。然而，通过复杂类型元素来声明显然比直接的简单类型元素声明要复杂些，因此，在工程实践中并不常用。

（4）包含元素和属性的元素声明

在需要声明一个同时包含子元素和属性的复杂类型元素时，只需要在仅含元素的元素声明的基础上，添加对应的属性声明即可。其具体的语法格式是：

```
<xs:element name="元素名称">
    <xs:complexType>
        <xs:顺序指示器>
            <xs:element name="子元素名" type="数据类型"/>
                ...
        </xs:顺序指示器>
        <xs:attribute name="属性名称" type="数据类型"/>
        ...
    </xs:complexType>
</xs:element>
```

例如，在例程 4-26 的基础上添加一个“country”属性的声明，就得到例程 4-29，实现了包含子元素“firstname”“lastname”和属性“country”的复杂类型元素“person”。其对应的有效元素可以是例程 4-30 中的元素。

例程 4-29：

```
<xs:element name="person">
  <xs:complexType>
    <xs:sequence>
      <xs:element name="firstname" type="xs:string"/>
      <xs:element name="lastname" type="xs:string"/>
    </xs:sequence>
    <xs:attribute name="country" type="xs:string" />
  </xs:complexType>
</xs:element>
```

例程 4-30：

```
<person   country="中国">
    <firstname>望道</firstname>
```

```
    <lastname>陈</lastname>
</person>
```

（5）混合元素声明

这里的混合元素是指可包含属性、元素以及文本的复杂类型元素，其语法格式是：

```
<xs:element name="元素名称">
    <xs:complexType    mixed="true">
        <xs:顺序指示器>
            <xs:element name="子元素名" type="数据类型"/>
                …
        </xs:顺序指示器>
            <xs:attribute name="属性名称" type="数据类型"/>
        …
    </xs:complexType>
</xs:element>
```

通过对比前面各类复杂类型元素的声明语法，不难发现，其与包含元素和属性的元素声明的差异点是在“complexType”元素内添加了“mixed”属性。当“mixed”属性值为 true 时，则声明了在包含子元素、属性等的基础上允许进一步包含文本数据。

在例程 4-29 的基础上添加“mixed”得到例程 4-31，例程 4-32 则可通过“有效性”检测。

例程 4-31：

```
<xs:element name="person">
  <xs:complexType mixed="true">
    <xs:sequence>
      <xs:element name="firstname" type="xs:string"/>
      <xs:element name="lastname" type="xs:string"/>
    </xs:sequence>
    <xs:attribute name="country" type="xs:string" />
  </xs:complexType>
</xs:element>
```

例程 4-32：

```
<person    country="中国"> 共产党宣言-中译本
      <firstname>望道</firstname>
      <lastname>陈</lastname>
</person>
```

4.3.5 复杂类型元素的复用声明

为了提高代码的模块化水平、编写与修改代码的效率，在复杂类型元素声明的 XML Schema 语法中，可以有多种复用声明。这些复用声明涉及“complexType”的复用、元素与属性的复用、元素组的复用和属性组的复用。

（1）“complexType”的复用

首先，需要在“complexType”声明时使用“name”属性，定义出复杂类型的名称；然后，在声明元素时使用“type”属性，并在其属性值中引用这个定义过的复杂类型的名称。这样，就完成了“complexType”的一次复用。其具体的语法格式是：

```
<xs:element name="元素名称"  type="复杂类型名"/>
<xs:complexType  name="复杂类型名">
        …
</xs:complexType>
```

因此，例程 4-31 可以基于“complexType”的复用改写为例程 4-33。在例程中，实现了一个名为“personType”的“complexType”声明。然后在“person”元素声明时，在“type”属性值中引用了“personType”。

例程 4-33：

```
<xs:element name="person" type="personType"/>
<xs:complexType mixed="true" name="personType">
    <xs:sequence>
      <xs:element name="firstname" type="xs:string"/>
      <xs:element name="lastname" type="xs:string"/>
    </xs:sequence>
    <xs:attribute name="country" type="xs:string" />
</xs:complexType>
```

如果别的元素在声明时也需要用到这个声明过的复杂类型，同样是直接在此元素的“type”属性值中进行复杂类型名引用即可。例如在例程 4-33 的基础上，将已声明的“personType”复杂类型复用到“Student”和“Member”这两个元素的声明中去，那么可以得到例程 4-34。通过复用，“Student”和“Member”元素都被声明顺序地包含“firstname”和“lastname”子元素，以及属性“country”。通过例程可以发现，基于“complexType”的复用，极大地提高了代码的模块化水平、编写与修改的效率，还实现了 XML Schema 复杂类型元素与简单类型元素声明在语法格式上的统一。

例程 4-34：

```
<xs:element name="person" type="personType"/>
<xs:element name="Student" type="personType"/>
<xs:element name="Member" type="personType"/>
```

```
<xs:complexType mixed="true" name="personType">
    <xs:sequence>
      <xs:element name="firstname" type="xs:string"/>
      <xs:element name="lastname" type="xs:string"/>
    </xs:sequence>
    <xs:attribute name="country" type="xs:string" />
</xs:complexType>
```

前面讲述的“complexType”复用都是直接且原封不动地将已声明的复杂类型进行复用。其实，XML Schema 的语法还能实现在“complexType”声明时，使用“extension”元素，基于已声明的复杂元素进行扩展，通过添加一些新的信息来实现一个新的“complexType”声明。扩展声明时，通过在“extension”元素中使用“base”属性来实现对已声明的“complexType”的复用。具体的语法格式是：

```
<xs:complexType    name="已声明的复杂类型名">
        …
</xs:complexType>
<xs:complexType    name="扩展后的复杂类型名">
  <xs:complexContent>
    <xs:extension base="已声明的复杂类型名">
      …
    </xs:extension>
  </xs:complexContent>
</xs:complexType>
```

例如，可以基于例程 4-33 中已声明的“personType”复杂类型进行扩展，在顺序包含“firstname”和“lastname”子元素，以及属性“country”的基础上扩展，还能顺序地包含“address”和“city”子元素，并将扩展后的复杂类型命名为“fullpersonType”。这可以通过例程 4-35 来实现。

例程 4-35：

```
<xs:element name="person" type="personType"/>
<xs:complexType mixed="true" name="personType">
    <xs:sequence>
        <xs:element name="firstname" type="xs:string"/>
        <xs:element name="lastname" type="xs:string"/>
    </xs:sequence>
    <xs:attribute name="country" type="xs:string" />
</xs:complexType>
<xs:complexType name="fullpersonType">
    <xs:complexContent>
     <xs:extension base="personType">
```

```
    <xs:sequence>
      <xs:element name="address" type="xs:string"/>
      <xs:element name="city" type="xs:string"/>
    </xs:sequence>
  </xs:extension>
 </xs:complexContent>
</xs:complexType>
```

（2）元素的复用

在 XML Schema 语法中，还允许先完成元素的声明，然后再根据需要进行复用。在元素复用时，可以通过在“element”元素中使用“ref”属性，并在其属性值中引用要复用的元素的名称。其语法格式为：

```
<xs:element name="元素名称 1"   type="数据类型"/>
<xs:element name="元素名称 2"   type="数据类型"/>
…
<xs:element name="元素名称 n"   type="数据类型"/>
<xs:complexType   name="复杂类型名">
   <xs:顺序指示器>
       <xs:element ref="元素名称 1"/>
       <xs:element ref="元素名称 2"/>
           …
       <xs:element ref="元素名称 n"/>
   <xs:顺序指示器>
</xs:complexType>
```

基于元素的复用声明，那么例程 4-33 还可以改写为例程 4-36，且二者实现的声明结果完全一样。

例程 4-36：

```
<xs:element name="person" type="personType"/>
<xs:element name="firstname" type="xs:string"/>
<xs:element name="lastname" type="xs:string"/>
<xs:complexType mixed="true" name="personType">
    <xs:sequence>
      <xs:element ref="firstname"/>
      <xs:element ref="lastname"/>
    </xs:sequence>
    <xs:attribute name="country" type="xs:string" />
</xs:complexType>
```

在例程 4-36 中元素复用的过程中，可以将“person”这一复杂类型元素的声明过程视为：先进行其包含的“firstname”和“lastname”元素的声明，然后在“complexType”元素中基于元素复用将这些已声明的元素视为“零件”进行组装。

（3）属性的复用

XML Schema 语法不仅可以实现元素的复用，也可以实现属性的复用。属性的复用语法和元素的复用语法很相似，其语法格式是：

```
<xs:attribute name="属性名称 1"   type="数据类型"/>
<xs:attribute name="属性名称 2"   type="数据类型"/>
…
<xs:attribute name="属性名称 n"   type="数据类型"/>
<xs:complexType   name="复杂类型名">
        …
        <xs:attribute ref="属性名称 1"/>
        <xs:attribute ref="属性名称 2"/>
           …
        <xs:attribute ref="属性名称 n"/>
        …
</xs:complexType>
```

那么，基于属性的复用，例程 4-36 可以进一步改写为例程 4-37，且它们的声明效果是等价的。

例程 4-37：

```
<xs:element name="person" type="personType"/>
<xs:element name="firstname" type="xs:string"/>
<xs:element name="lastname" type="xs:string"/>
<xs:attribute name="country" type="xs:string" />
<xs:complexType mixed="true" name="personType">
    <xs:sequence>
      <xs:element ref="firstname"/>
      <xs:element ref="lastname"/>
    </xs:sequence>
    <xs:attribute ref="country"/>
</xs:complexType>
```

（4）元素组与属性组的复用

在 XML Schema 语法中，还可以通过“group”元素对声明过的元素进行分组，然后在其他地方同样使用“group”元素及其“ref”属性实现复用。

```
<xs:group name="元素组名">
   …
        <xs:element name="元素名称 1"   type="数据类型"/>
```

```
            <xs:element name="元素名称 2"  type="数据类型"/>
            …
            <xs:element name="元素名称 n"  type="数据类型"/>
        </xs:group>
        <xs:complexType  name="复杂类型名">
              <xs:group ref="元素组名"/>
              …
        </xs:complexType>
```

例程 4-38 是一个元素组复用的示例：首先使用“group”元素定义一个四个元素“customer”、“orderdetails”、“billto”和“shipto”顺序出现的元素组，然后再在一个复杂类型声明中通过使用“group”元素及其“ref”属性来复用这个元素组，实现元素组的复用。

例程 4-38：

```
<?xml version="1.0"?>
<xs:schema xmlns:xs="http://www.w3.org/2001/XMLSchema">
  <xs:group name="custGroup">
    <xs:sequence>
        <xs:element name="customer" type="xs:string"/>
        <xs:element name="orderdetails" type="xs:string"/>
        <xs:element name="billto" type="xs:string"/>
        <xs:element name="shipto" type="xs:string"/>
   </xs:sequence>
  </xs:group>
  <xs:element name="order" type="ordertype"/>
  <xs:complexType name="ordertype">
      <xs:group ref="custGroup"/>
      <xs:attribute name="status" type="xs:string"/>
  </xs:complexType>
</xs:schema>
```

对应的属性组复用，XML Schema 语法也是可实现的。其语法也类似于元素组复用的语法。首先通过“attributeGroup”元素对声明过的属性进行分组，然后在其他地方同样使用“attributeGroup”元素及其“ref”属性实现复用。其具体的语法格式是：

```
        <xs:attributeGroup name="属性组名">
              <xs:attribute name="属性名称 1"  type="数据类型"/>
              <xs:attribute name="属性名称 2"  type="数据类型"/>
                          …
              <xs:attribute name="属性名称 n"  type="数据类型"/>
        </xs:attributegroup>
```

```
<xs:complexType    name="复杂类型名">
        <xs:attributeGroup ref="属性组名"/>
</xs:complexType>
```

例程 4-39 中，首先使用“attributeGroup”元素定义一个包含两个属性的属性组，然后在一个复杂类型定义中通过“attributeGroup”元素的“ref”属性索引这个属性组，实现属性组的复用。

例程 4-39：

```
<xs:attributeGroup name="personattr">
    <xs:attribute name="gender" type="xs:string"/>
    <xs:attribute name="age" type="xs:integer"/>
</xs:attributeGroup>

<xs:complexType name="person">
    <xs:attributeGroup ref="personattr"/>
</xs:complexType>
```

通过前述学习可以发现，元素的复用和属性的复用不仅可以提高多次元素声明的代码编写效率，而且在 XML Schema 编写过程中，还可以让代码编写逻辑高度简洁化。因为，基于元素的复用和基于属性的复用，用户就可以先将 XML Schema 文档中的叶子元素和所有属性全部声明好，而不需要考虑它们之间的逻辑关系；然后，再逐步向枝干元素方向进行组装声明，直至根元素组装声明完成。这样，用户在编写 XML Schema 的不同阶段时可以专注于一类事情（如基本元素的声明、逻辑关系的声明等），使得一个复杂的问题分解成若干个简单的内容。此外，“complexType”的复用、元素组与属性组的复用可以显著地增强代码的模块性。这样在代码的编写与修改方面都能极大地提高工作效率。因此，在工程实践中，我们更加推荐基于复用的方式来实现 XML Schema 的编写。

第5章

XML 文档的样式化显示

5.1 使用 CSS 显示 XML

5.1.1 CSS 概述

串联样式表（cascading style sheets，CSS）是一种用于描述网页上的信息格式和显示方式的语言。它的主要功能是控制网页的视觉表现，包括字体、颜色、布局等样式结构。

CSS 的诞生是为了解决页面显示控制的增加所带来的 HTML 页面越来越臃肿的问题。从 HTML 被发明开始，样式就以各种形式存在。不同的浏览器结合它们各自的样式语言为用户提供页面效果的控制。随着 HTML 的成长，为了满足页面设计者的要求，HTML 添加了很多显示功能。但是随着这些功能的增加，HTML 变得越来越杂乱，而且 HTML 页面也越来越臃肿。1996 年 12 月，串联样式表的第一份正式标准（“Cascading Style Sheets，level 1”）完成，成为 W3C 的推荐标准。1997 年初，W3C 组织负责 CSS 的工作组开始讨论第一版中没有涉及的问题。其讨论结果形成了 1998 年 5 月发布的 CSS 规范第二版（“Cascading Style Sheets，level 2”）。

其实当时在互联网界已经有过一些统一样式表语言的建议了，但 CSS 是第一个含有“层叠”意义的样式表语言。在 CSS 中，一个文件的样式可以从其他的样式表中继承。用户在有些地方可以使用自己更喜欢的样式，在其他地方则可继承或层叠用户的样式。这种层叠的方式使用户可以灵活地加入自己的设计，融合个人的爱好。

通过 CSS，开发者可以将文档的内容与其表现形式分离，这样不仅提高了网页的可维护性，还使得样式更加灵活和多样化。CSS 的应用非常广泛，它可以用来控制网页中几乎所有可见元素的样式，包括但不限于文本的字体、大小、颜色，元素的位置、大小、背景色，以及各种交互效果，等等。进行样式声明时，是通过 CSS 规则来实现的。而每一条 CSS 规则由两个主要的部分构成：选择器以及用“{ }”括起来的声明。其具体的语法格式是：

```
selector
{ property1:value;
  property2:value;
  …
  propertyN:value;
}
```

在上述语法中，选择器 **“selector”** 用于选择样式所要套用的元素，告诉浏览器页面上哪个元素要受到特定规则的约束。在选择了元素名后，通过使用“{ }”括起来的显示约束规则组成的声明来定义元素的样式。声明中，每一条子声明都对应一条显示约束规则，是由“规则名称（样式属性）”和“属性值”使用“:”进行分隔而组成的，并以“;”结束。在书写形式上，为了让 CSS 可读性更强，可以将每一条子声明（显示约束规则）分行书写。例程 5-1 是一个 CSS 的样式示例。

例程 5-1：

```
h1{
  color: red;
  text-align: center;}
p {
  color:#00ff00;
  font-size: 14px;}
```

例程 5-1 中包含了“h1”和“p”两个选择器。选择器“h1”对应的声明里包含了 2 条子声明：文本颜色规则“color”和文本排列规则“text-align”。选择器“p”对应的声明里也包含了 2 条子声明：文本颜色规则“color”和文本排列规则“font-size”。根据它们对应的属性值，声明了“h1”元素里文本数据将以红色（“color: red;”）字体居中（“text-align: center;”）显示；声明了“p”元素里文本数据将以绿色（“color: #00ff00;”）且尺寸大小为 14 像素（“font-size: 14px;”）的字体进行显示。其中，“color”的属性值可以通过使用 RGB、HEX、HSL、RGBA、HSLA 值来指定颜色。例如，RGBA 颜色值指定模式为：rgba（red，green，blue，alpha）。alpha 参数用于描述透明度，是介于 0.0（完全透明）和 1.0（完全不透明）之间的数字。HSL 颜色值指定模式为：hsl（hue，saturation，lightness）。色相（hue）是色轮（如彩插图 5-1 所示）上从 0 到 360 的角度数值，0 是红色，120 是绿色，240 是蓝色。饱和度（saturation）取值范围是 0%～100%，0%表示灰色阴影，而 100%是没有灰的全色。亮度（lightness）取值范围也是 0%～100%，0%是黑色（没有亮度），50%是既不明也不暗，100%是白色。因此，指定绿色时，“color”的属性值还可以是 rgb（0，255，0）、rgb（0%，100%，0%）、rgba（0，255，0，1）和 hsl（120，100%，50%）等。

5.1.2　CSS 中常用的样式属性

在对 XML 文档中的信息进行样式化显示时，主要涉及文本的显示问题。在这个方面，可以对文本显示的模式、背景、字体、字号、颜色等方面进行样式约束。

（1）模式的样式约束

进行 XML 信息样式化显示时，首先要使用 display 样式属性来设置 XML 标记（元素）的基本显示模式。display 属性值可以是 block、inline、list-item 和 none 等。其具体的样式约束说明如表 5-1 所示。

表 5-1　display 属性值的说明

display 属性值	说明
block	表示由 display 属性设定的元素为一个段落块，文字内容在新的一行显示
inline	表示此元素是现有块的一部分，文字内容则与前面的文字内容在同一行

续表

display 属性值	说明
list-item	在元素前显示项目符号
none	用于隐藏不需要显示的元素

其中，block 和 inline 是常用来控制显示模式的两个基本的模式（块显示与行显示）。这两种显示模式存在显著的差异，具体如表 5-2 所示。

表 5-2　行内元素与块级元素的区别

行内元素（inline）	块级元素（block）
不独占一行，一行可以显示多个	独占一行
行内元素只能容纳文本和其他行内元素，不能放块级元素	是一个容器，里面可以放行内元素和块级元素
设置高度、宽度、行高无效	高度、宽度、内外边距、行高都可以控制
默认宽度就是元素本身的内容	宽度默认和父元素宽度相同
左右外边距有效（上下无效），内边距有效	块级元素四个方向都能设置内外边距

当 display 属性使用 block 值指明文字内容显示时，需要对该块的外框、框线样式以及块与块之间的间隔等进行设置，这就是所谓的块样式属性，如表 5-3 所示。

表 5-3　块样式属性及其说明

块样式属性	说明
border-color	框线颜色
border-style	框线的样式，可取 none、dotted、dashed、solid、double 等
border-top-width	设定块上方的间隔，可取 think、thin、medium 或点数
border-right-width	设定块右方的间隔，可取值同上
border-bottom-width	设定块底部的间隔，可取值同上
border-left-width	设定块左方的间隔，可取值同上

（2）背景的样式约束

在样式化显示中，背景的设定通常也是需要考虑的方面。表 5-4 给出了 CSS 中与背景相关的样式属性及说明。

表 5-4　与背景相关的样式属性及说明

样式属性	说明	属性值
background-color	设置背景颜色	RGB、HEX、HSL、RGBA、HSLA 等颜色值
background-image	设置背景图片	属性值为：URL（图片路径）
background-repeat	设置背景平铺	repeat（平铺，默认就是平铺方式） no-repeat（不平铺） repeat-x（水平平铺） repeat-y（垂直平铺）
background-position	设置背景位置	方位名词：如 top 、left、center、right、bottom 等 百分数模式：x% y% 混合单位模式：xpos ypos
background-size	设置背景尺寸	具体的数值：如 40px 60px，表示宽度为 40px，高度为 60px 百分比：根据父元素的尺寸进行百分比设置 cover：将背景图扩展至足够大，以使背景图像完全覆盖背景区域 contain：将图像扩展至最大尺寸，以使其宽度和高度完全适应内容区域

（3）文本的样式约束

文本样式属性可以影响文本显示的外观，包括对文本的对齐方式、装饰方式、缩进、行高等的样式控制，如表 5-5 所示。

表 5-5　文本样式属性及说明

样式属性	说明	属性值
text-align	设置文本对齐方式	left（水平靠左对齐） center（水平居中对齐） right（水平靠右对齐）
text-decoration	设置文本装饰方式	underline（下划线） none（没有装饰） verline（上划线） line-through（删除线）
text-indent	设置文本缩进	缩进的值为负数，表示向左缩进 缩进的值为正数，表示向右缩进
line-height	设置文本行高	行高 = 上边距 + 下边距 + 文字大小，其中，上、下边距是相等的。例如行高为 40px，文字大小为 18px，则上下边距为 11px

（4）字体的样式约束

字体样式控制是样式化显示最常用到的一类约束控制，它能对字体的格式、大小、粗细、样式和颜色等进行控制，如表 5-6 所示。

表 5-6　字体样式属性及说明

样式属性	说明	属性值
font-family	设置字体格式	可取值为各字体名称，如微软雅黑、Times New Roman 等
font-size	设置字体大小	可取值为以相对长度单位 em、px 或绝对长度单位 in、cm、mm、pt 等为尺寸单位的相对值或数值
font-weight	设置字体粗细	可取值为 normal、bold、bolder、lighter 或 100～900 的值（100 的整数倍，其中，400 等同于 normal，700 等同于 bold，值越大字体越粗）
font-style	设置字体样式	可取值为 normal、italic、oblique 和 inherit
color	设置字体颜色	RGB、HEX、HSL、RGBA、HSLA 等颜色值

5.1.3　CSS 的特性

在使用 CSS 进行样式化显示时，需要关注三个非常重要的特性：层叠性、继承性、优先级。

（1）层叠性

层叠性主要解决样式冲突的问题，即相同选择器被设置不同的样式，此时需要一个样式来覆盖（层叠）另一个冲突的样式。层叠性是以就近优先的原则来决定最终样式，如同长江后浪推前浪，后定义的样式会覆盖之前定义的样式，不冲突的样式则保持原样。

（2）继承性

CSS 中的继承是指子元素会继承父元素的某些样式，如文本颜色和字号。恰当地使用继承可以简化代码，降低 CSS 样式的复杂性。子元素可以继承父元素的样式可以有颜色（color）、字符间距（letter-spacing）、单词间距（word-spacing）、文本样式（text-xxx）、字体样式（font-xxx）和行样式（line-xxx）等。但不是所有属性都可继承，例如边框（border）属性则不会被继承。

（3）优先级

当多个选择器作用于同一元素时，优先级就显得尤为重要。选择器权重决定着样式执行的顺序，从通用选择器（如*）到特定元素（如#id），权重逐级递增。简单来看，通配符的继承权重为 0，元素选择器为 1，类（伪类）选择器为 10，id 选择器为 100，行内样式表为 1000，important 则无限大。理解权重规则，有助于精确控制样式的优先级。

5.1.4　CSS 在 XML 中的应用

使用 CSS 进行样式化显示时，可以使用内嵌式和引用式这两种方式。内嵌式是将 CSS 样式指令直接嵌入 XML 文档内部。引用式则是将 CSS 样式指令单独存储在扩展名为“.css”的样式单文件中，然后通过引用外部独立的 CSS 文件来定义 XML 文档的表现形式。引用式最大的优点是 CSS 文件可以同时被多个页面共享使用。

（1）内嵌 CSS 的样式化显示 XML

在 XML 文档中内嵌 CSS 样式指令时，使用 XHTML 元素“STYLE”作为根元素的子元素嵌入 CSS 样式指令。其语法格式是：

```
<HTML:STYLE xmlns:HTML="http://www.w3.org/1999/xhtml" >
    CSS 样式指令
</HTML:STYLE>
```

在使用内嵌 CSS 样式指令的同时，还需要在 XML 文档第一行的 XML 声明后添加一条关于样式表的声明语句“<?xml-stylesheet type="text/css"?>”。例程 5-2 展示了一个内嵌 CSS 样式指令的 XML 文档。使用 Web 浏览器（如 Microsoft Edge、360 浏览器等）将该 XML 文档打开，经过浏览器中的解析器解析，XML 中的数据就能按照 CSS 样式指令中声明的样式进行显示，即可得到图 5-2 所示的样式化显示结果。

例程 5-2：

```
<?xml version="1.0" encoding="UTF-8"?>
<?xml-stylesheet type="text/css"?>
<course>
<HTML:STYLE xmlns:HTML="http://www.w3.org/1999/xhtml" >
course{
background-color: #cccccc;
width: 100%;
}
info-course{
display: block;
background-color: #ff00ff;
width: 100%;
margin-bottom: 30pt;
}
info{
color: #000000;
font-size: 20pt;
}
students{
display: block;
margin:0
background-color: #ff00ff;
width: 100%;
}
student{
display: block;
margin:0
background-color: #cccccc;
width: 100%;
margin-bottom: 30pt;
```

```
}
name{
color: #0000ff;
font-size: 20pt;
}
gender，faculty，result{
display: block;
color: #ff0000;
margin-left: 20pt;
}
</HTML:STYLE>
<info-course>
    <info ID="2016888226-1223" name="XML技术" teacher="罗如柏"classroom="教8-602"/>
</info-course>
<students>
    <student ID="140377701">
        <name>张三</name>
        <gender>男</gender>
        <faculty>印刷包装与数字媒体学院</faculty>
        <result>85</result>
    </student>
    <student ID="140377702">
        <name>李四</name>
        <gender>男</gender>
        <faculty>印刷包装与数字媒体学院</faculty>
        <result>100</result>
    </student>
</students>
</course>
```

在例程 5-2 中，我们会发现，尽管在 CSS 指令中使用“info-course”和“info”选择器进行了样式指定，但在图 5-2 中并没有显示“info-course”元素中的属性信息。这其实是使用 CSS 来显示 XML 文档最大的弊端：CSS 只能显示元素的内容，而不能显示属性的内容。

（2）引用 CSS 样式化显示 XML

引用 CSS 样式化显示 XML 时，XML 文档本身不包含样式信息，而是在 XML 文档第一行的 XML 声明后通过添加引用语句：

```
<?xml-stylesheet type="text/css" href="CSS 文档地址"?>
```

来实现 CSS 样式的引用。此外，只需要将 CSS 样式指令单独存储在扩展名为“.css”的文件中。因此，我们可以将例程 5-2 代码拆分为只包含 CSS 指令的例程 5-3 和只包含 XML 代码的例程 5-4。同时，我们可以将例程 5-3 保存为“student.css”文档，并与例程 5-4 所示的 XML 文档保存在同一个文件夹下。那么，CSS 引用语句中“href”属性的值可使用 CSS 文档的相对路径“student.css”。在样式化显示时，则将 XML 文档用 Web 浏览器打开就可以获得与图 5-2 一样的显示效果。

图 5–2　内嵌 CSS 的 XML 文档在 Web 浏览器中的显示结果

例程 5-3：

```
course{
background-color: #cccccc;
width: 100%;
}
info-course{
display: block;
background-color: #ff00ff;
width: 100%;
margin-bottom: 30pt;
}
info{
color: #000000;
font-size: 20pt;
}
students{
display: block;
margin:0
background-color: #ff00ff;
width: 100%;
}
student{
```

```
display: block;
margin:0
background-color: #cccccc;
width: 100%;
margin-bottom: 30pt;
}
name{
color: #0000ff;
font-size: 20pt;
}
gender，faculty，result{
display: block;
color: #ff0000;
margin-left: 20pt;
}
```

例程 5-4：

```
<?xml version="1.0" encoding="UTF-8"?>
<?xml-stylesheet type="text/css"   href="student.css"?>
<course>
<info-course>
    <info ID="2016888226-1223"name="XML 技术"teacher="罗如柏"classroom="教 8-602"/>
</info-course>
<students>
    <student ID="140377701">
        <name>张三</name>
        <gender>男</gender>
        <faculty>印刷包装与数字媒体学院</faculty>
        <result>85</result>
    </student>
    <student ID="140377702">
        <name>李四</name>
        <gender>男</gender>
        <faculty>印刷包装与数字媒体学院</faculty>
        <result>100</result>
    </student>
</students>
</course>
```

显然，基于引用式的 XML 样式化显示，实现了 XML 文档数据内容与样式信息相分离。这样不仅可以提高 CSS 样式信息的复用性，也可以提高样式指令的修改效率。因此，在工程实践中，多采用引用式来进行样式化显示 XML。

通过前面的学习，我们可以发现，CSS 虽然可以用于 XML 的样式化显示，但同时也存在许多局限性。例如，CSS 不能显示出元素的属性值，只能显示出元素的文本。但是在 XML 文档中，很多信息是描述在属性中的。因此，如果对一个只有属性没有内容的空元素编写 CSS，那么它在浏览器中就什么也不会显示。另外，CSS 很难做到有条件地筛选并显示一部分 XML 文档信息而将其余部分隐藏。因此，万维网联盟专门为 XML 设计了用于样式化显示的 XSL 技术，以实现对 XML 样式化显示的完美控制。

5.2 XSL 概述

可扩展样式表语言（extensible stylesheet language，XSL）是万维网联盟专门针对 XML 的样式化显示而设计的样式语言。与 CSS 不同，XSL 是 XML 专属的样式语言，主要用于将 XML 文档转换为其他格式文档，如 HTML、PDF 文档或纯文本等，还可用于对 XML 数据进行格式化显示，以便在浏览器或其他应用程序中更友好地呈现给用户，如图 5-3 所示。它能够分离文档的内容（XML）和表现形式（XSL），使文档结构更清晰，维护更方便。

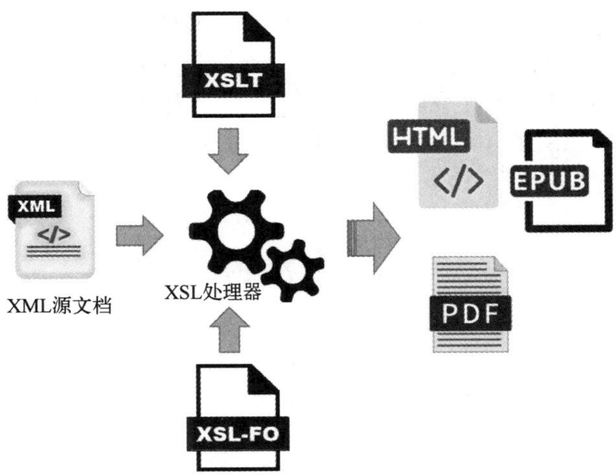

图 5–3　使用 XSL 转换 XML 数据的处理示意图

XSL 包括 XSLT（XSL transformation，XSL 转换）、XPath（XML path language，XML 路径语言）和 XSL-FO（XSL formatting object，XSL 格式化对象）这三部分。

XSLT 是一种用于转换 XML 文档的语言，是 XSL 的核心部分，用于定义如何将一个 XML 文档转换为另一个 XML 文档或其他文本格式的文档（如用于 Web 显示的 HTML 文档）。它通过定义模板规则来匹配 XML 文档中的元素，并指定如何对这些元素进行转换和处理，例如选择、过滤、排序数据，以及根据数据创建新的元素和属性等。

XPath 是一种在 XML 文档中定位和选择节点的导航语言，实现信息的查找。实际应用中，它常与 XSLT 一起使用。XPath 路径表达式可以用于指定 XSLT 模板规则应用的节点，以及在转换过程中访问和操作特定的节点和数据。

XSL-FO 是一种格式化 XML 文档的语言，可以定义文档的格式化信息，如字体、颜色、布局、分页等。它提供了一种与特定输出设备无关的方式来描述文档的最终呈现形式，可以根据数据的值对 XML 数据进行格式化，精确设置屏幕显示格式或打印格式，从而实现高质量打印文档或电子文档（如 PDF 和 PostScript 文件等）的生成。

XSL 作为转换语言，其基本的工作原理是：

①XSL 处理器在处理 XML 文档时，会将 XML 文档看作源文档，并根据 XSL 样式表中的规则，遍历 XML 文档的节点树“XML 源树”。

②使用 XPath 路径表达式来定位和选择特定的节点，然后对于每个匹配到的节点，按照 XSLT 中定义的模板规则进行相应的转换操作（如复制节点、删除节点、添加新节点、修改节点内容等）以得到新的“XML 结果树”。

③最后，将转换后的“XML 结果树”按照样式表中的指令转换成其他指定格式的文档。

因此，从实现的功能来看，XSL 的转换过程可以分为两个部分：第一部分是转换 XML 文档，实现把“XML 源树”转换为“XML 结果树”（将 XML 文档转换为具有新的树状结构的文档，如新的 XML 文档，或 HTML 文件这类非 XML 文档）；第二部分是格式化 XML 文档，即格式化元素内容的样式，以便显示出 XML 文档内容。

需要注意的是，XSL 在把一棵 XML 树转换成另一棵 XML 树时，XSL 处理器会把 XML 文档分为根节点、元素、文本、属性、注释、处理指令、命名空间这 7 种类型节点来处理。同时，还会设置一个不属于 XML 文档本身的节点——文档节点。文档节点是 XML 节点树的根节点，它的子节点则是 XML 文档本身的根节点，如图 5-4 所示。这里，我们可以将文档节点理解为处理 XML 节点树的缓存空间，即“容器”。所有被处理的 XML 节点树都必须先放置在“容器”中，然后 XSLT 才可以通过各种访问树状结构的操作符，实现在树状结构中进行选择、排序和输出等操作。

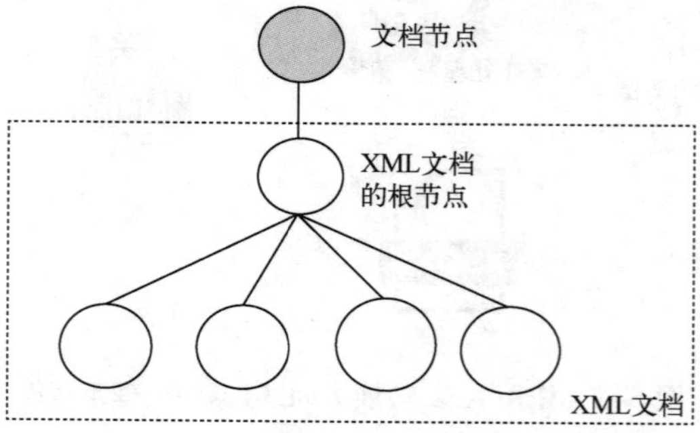

图 5-4　处理 XML 文档时包含文档节点的节点树

基于强大的 XML 转换能力，在 Web 开发、数据交换与集成、文档处理和数据可视化等工程应用场景中 XSL 得到了广泛应用。

①Web 开发：将 XML 文件数据转换为 HTML 文件，以便在网页上展示。可以根据不同的设备和屏幕尺寸，使用 XSL 实现响应式设计，为用户提供更好的浏览体验。

②数据交换与集成：在不同系统之间进行数据交换时，常以 XML 作为数据格式。XSL 可用于将源系统的 XML 数据格式转换为目标系统所需的格式，实现数据的无缝集成。

③文档处理：将 XML 格式的文档转换为 PDF、Word 等格式的文档，方便进行打印和共享。也可用于对文档进行排版和格式化，生成具有专业外观的文档。

④数据可视化：将 XML 转换为图表、图形等可视化形式，帮助用户更直观地理解数据。

在学习或应用一项工程技术时，了解其优势与局限性将有助于对该技术更加准确地理解和高效地应用。在 XML 信息的样式化过程中，XSL 相较于 CSS，其优势有：

①灵活性和可扩展性：XSL 允许根据具体需求定义各种转换规则和格式化样式，能够适应不同结构和内容的 XML 文档，并且可以方便地进行扩展和修改。

②平台独立性：由于 XSL 是基于 XML 标准的，天然地继承了 XML 的跨平台特性，因此，可以在不同的操作系统和平台上使用，只要有相应的 XSL 处理器支持。

③数据与样式分离：遵循了良好的设计原则，使数据的存储和处理与数据的显示和呈现相互独立，提高了代码的可维护性和可重用性。

XSL 的局限性：

①学习曲线较陡：如前文所述，XSL 涉及 XSLT、XPath、XSL-FO 等多个部分，其语法和概念相对复杂，对于初学者来说，需要花费一定的时间和精力来学习和掌握。

②浏览器支持不一致：不同的浏览器对 XSL 的支持程度和方式可能存在差异，这可能导致在某些浏览器中出现显示异常或功能不完整的情况。当然，CSS 也会存在类似的问题，但相对而言，CSS 总体情况会好些。

③复杂信息处理的性能问题：在处理大型 XML 文档或复杂的转换逻辑时，XSL 的性能可能会受到影响。某些复杂的转换操作可能需要大量的计算资源和时间。

5.3 XPath 简介

在信息世界里进行数据处理时，数据的定位与查找无疑是最为基础、最为重要的工作。没有数据的定位与查找就没有后续的任何的信息处理。XPath 则是一种强大且灵活的查询语言，通过合理使用路径表达式、谓语、节点轴和函数来选定文档中的节点或节点集，实现高效地定位和操作 XML 或 HTML 文档中的数据。

XPath 于 1999 年 11 月 16 日成为 W3C 标准，被广泛应用于各种编程的语言和工具，在 XML 处理、Web 开发、数据抓取等应用场景中发挥着重要的作用。例如在处理 XML 文件时，XPath 可用于查询和提取特定的节点或数据；在爬虫程序中，XPath 用于定位网页中的数据，提取需要的信息；Web 开发时，在浏览器中常基于 XPath 查找 HTML 元素。

5.3.1　XPath 节点

XPath 在处理 XML 文档时，是将 XML 文档作为节点树来对待的。XML 文档作为一个树形结构，由元素（节点）、属性、文本等组成。例如，例程 5-5 可转化为图 5-5 所示的节点树。

例程 5-5：

```
<?xml version="1.0" encoding="UTF-8"?>
<students>
    <student ID="140377701">
        <name>张三</name>
        <gender>男</gender>
        <faculty>印包学院</faculty>
        <result>85</result>
    </student>
</students>
```

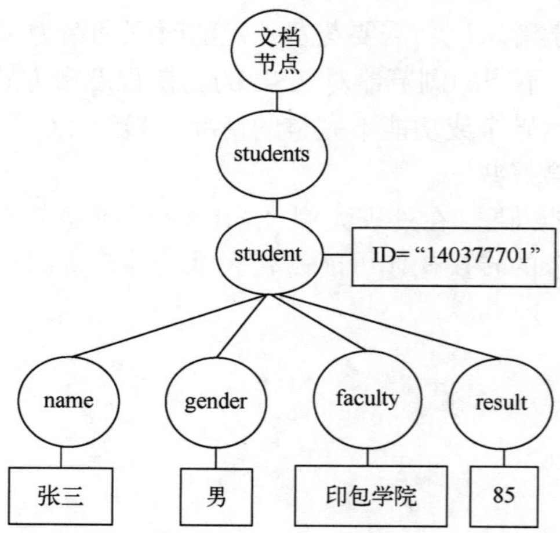

图 5–5　例程 5–5 对应的节点树

对应地，XPath 中有七种类型的节点：元素、属性、文本、命名空间、处理指令、注释以及文档（根）节点。以例程 5-5 的 XML 文档为例，其对应的 XPath 元素节点有 students、student、name、gender、faculty 和 result；对应的 XPath 属性节点是 ID="140377701"；张三、男、印包学院和 85 则是对应的 XPath 文本节点。

在这些 XPath 节点中，将一个不可分割的值称为基本值，或称原子值。如字符串、数值、布尔值、日期和时间等。显然，基本值通常是 XPath 的文本节点和 XPath 的属性节点中的属性值。因此，在例程 5-5 中，张三、男、 印包学院、85 和 140377701 都是基本值。

XPath 在处理 XML 文档时，会将基本值或者节点统称为项目。其中，节点项目间的逻辑关系被称为节点关系。根据节点项目间的逻辑关系，节点关系可分为：父、子、同胞、先辈和后代等。

以图 5-5 中的节点为例，students 是 student 的父，student 又是 name、gender、faculty 和

result 的父。反之，student 是 students 的子，name、gender、faculty 和 result 都是 student 的子。其中，name、gender、faculty 和 result 是同胞，它们的先辈是 students 和 student。students 的后代包含了 student、name、gender、faculty 和 result。

XPath 通过这些节点的定义，从而将 XML 文档分割成一个个可独立操作的信息块。然后，XPath 使用路径表达式来指定节点的位置。

5.3.2　XPath 路径表达式

在 XPath 路径表达式中，节点是通过沿着路径或者步来选取的。表 5-7 列出了常用的 XPath 路径表达式。

表 5-7　常用 XPath 路径表达式

表达式	描述
nodename	选取当前上下文节点的直接子节点中所有具有该名称的元素节点
/	从根节点选取（取子节点）
//	从匹配选择的当前节点选择文档中的节点，而不考虑它们的位置（取后代节点）
.	选取当前节点
..	选取当前节点的父节点
@	选取属性

通过综合使用表 5-7 中的这些表达式，用户就可以形成自己的 XPath 路径表达式。与计算机中的其他路径一样，XPath 路径表达式也分为绝对路径和相对路径。所谓绝对路径，是从根节点开始的路径表达式；相对路径则是从当前节点开始的路径表达式。因此，以例程 5-6 中的 XML 代码为数据对象，通过表 5-8 中所示的 XPath 路径表达式就可以实现期望的节点或节点集的选择。

例程 5-6：

```
<?xml version="1.0" encoding="UTF-8"?>
 <students>
        <student ID="140377701">
               <name>张三</name>
               <gender>男</gender>
               <faculty>印包学院</faculty>
               <result>85</result>
        </student>
        <student ID="140377702">
               <name>李四</name>
               <gender>男</gender>
```

```
            <faculty>印包学院</faculty>
            <result>100</result>
        </student>
        <student ID="140377703">
            <name>王二</name>
            <gender>男</gender>
            <faculty>印包学院</faculty>
            <result>99</result>
        </student>
    </students>
```

表 5-8　XPath 路径表达式及其选取结果

表达式	结果
students	选取所有名为“students”的元素
/students	选取根元素“students”（当路径起始于“/”，此路径始终代表到某节点的绝对路径）
/students/student	选取属于“students”的子元素的所有“student”元素
/students//name	选择属于“students”元素的后代的所有“name”元素，而不管它们位于“students”之下的什么位置（可以使用/和//组合路径）
//name	选取所有“name”子元素，而不管它们在文档中的位置
//@ID	选取名为“ID”的所有属性
students/student/@ID	选取属于“students”的所有“student”子元素的“ID”属性

为了查找某个特定的节点（节点集）或者包含某个指定值的节点（节点集），XPath 路径表达式通过使用谓语来实现限定条件的表达，并将谓语嵌在“[]”（中括号）中。在表 5-9 中，给出了一些含有谓语的路径表达式，同时也给出了对应的选取结果。

表 5-9　含谓语的路径表达式及其选取结果

表达式	结果
/students/student[1]	选取属于“students”元素中的第一个“student”子元素
//student[@ID]	选取所有拥有名为“ID”属性的“student”元素
//student[@ID='140377703']	选取所有“student”元素，且这些元素拥有值为“140377703”的 ID 属性
/students/student[result>85.00]	选取“students”元素的所有“student”元素，且其“result”元素的值须大于 85.00
/students/student[result>60.00]//name	选取“students”元素中的“student”元素的所有“name”元素，且其“result”元素的值须大于 60.00

通常，为了表达出更丰富的限定条件，XPath 路径表达式还会结合其他 XPath 函数形成更为复杂的谓语，以实现更为精准的信息搜索。表 5-10 中给出了常用的 XPath 函数。通过表 5-10 中的示例，我们可以更为清晰地理解 XPath 函数是如何实现更为精准的限定条件的表达。

表 5-10　常用的 XPath 函数

通配符	描述	示例
last ()	用于返回当前上下文中最后一个节点的位置编号	示例：/students/student[last ()] 结果：选择<students>下的最后一个<student>节点 示例：/students/student[last () -2] 结果：选择<students>下的倒数第三个<student>节点
position ()	用于返回当前节点在其父节点中的位置编号。位置编号从 1 开始	示例：/students/student[position () = 2] 结果：选择<students>下的第二个<student>节点 示例：/students/student[position () <= 2] 结果：选择<students>下的前两个<student>节点
node ()	通用的节点测试函数，用于选择所有类型的节点，包括元素、文本、注释、处理指令等节点	示例：/students/node () 结果：选择<students>下的所有子节点，包括元素、文本、注释等节点
text ()	用于选择文本节点，即元素或文档中的纯文本内容	示例：/students/student/name/text () 结果：选择<name>中的文本内容 示例：/students/student/name[text () ="王二"] 结果：选择文本内容为“王二”的<name>节点
comment ()	用于选择注释节点，即文档中的注释内容	示例：/students/comment () 结果：选择<students>下的所有注释节点
processing-instruction ()	用于选择处理指令节点，即文档中的处理指令内容。它还可以接收一个参数，用于匹配特定的处理指令目标	示例：/students/processing-instruction () 结果：选择<students>下的所有处理指令节点 示例：/students/processing-instruction ('pi') 结果：选择目标为 pi 的处理指令节点

如果有其他信息搜索的经验，读者可能会意识到通过通配符来实现模糊搜索也是一项重要的能力。同样，XPath 也可以使用通配符“*”用来选取未知的节点或节点集。如表 5-11 所示，XPath 路径表达式通过通配符可以实现任意元素和属性的表达。表 5-12 给出了一些含有通配符的 XPath 路径表达式及其选取结果。此外，用于选取当前节点的“.”和用于选取当前节点的父节点的“..”也可以视为通配符。

表 5-11　XPath 路径表达式中的通配符

通配符	描述
*	匹配任何元素节点
@*	匹配任何属性节点

表 5-12　含有通配符的 XPath 路径表达式及其选取结果

表达式	结果
//*	选取文档中的所有元素
/students/*	选取“students”元素的所有子元素
//student[@*]	选取所有带有属性的“student”元素

5.3.3　XPath 节点轴

XPath 节点轴是与上下文节点相关联的节点集。相对于当前节点，根据与上下文节点的不同关系，XPath 定义了表 5-13 中的一系列节点轴。使用这些节点轴，允许用户从当前节点出发，选择其父节点、子节点、同胞节点、先辈节点、后代节点等节点集。因此，在 XML 或 HTML 文档的这类树结构中，节点轴可用于定义路径表达式的上下文方向，成为信息的导航工具。在 XPath 路径表达式中可以通过节点轴对表达式做一定的限制，从而缩小节点集的范围。通过表 5-13 中的示例，可以发现节点轴后面一般都跟一个“::”（两个冒号）符号，表示对节点集进一步分解。

表 5-13　节点轴

节点轴名称	选择位置	示例
ancestor	选取当前节点的所有先辈（父、祖父等）	示例：/students/student/name/ancestor::* 结果：选择<name>的所有先辈节点
ancestor-or-self	选取当前节点的所有先辈（父、祖父等）以及当前节点本身	示例：/students/student/ancestor-or-self::* 结果：选择<student>及其所有先辈节点
attribute	选取当前节点的所有属性	示例：/students/student/attribute::ID 结果：选择<student>的 ID 属性
child	选取当前节点的所有子元素	示例：/students/student/child::name 结果：选择<student>的所有<name>子节点
descendant	选取当前节点的所有后代元素（子、孙等）	示例：/students/descendant::name 结果：选择<students>下的所有<name>后代节点
descendant-or-self	选取当前节点的所有后代元素（子、孙等）以及当前节点本身	示例：/students/descendant-or-self::name 结果：选择<students>及其所有后代中的 <name> 节点
following	选取文档中当前节点的结束标签之后的所有节点	示例：/students/following::* 结果：选择<students>节点之后的所有节点
following-sibling	选取当前节点之后的所有同胞节点，并与当前节点有相同的父节点	示例：/students/following-sibling::* 结果：选择 <students> 之后的所有同胞节点
namespace	选取当前节点的所有命名空间节点	示例：/students/student/namespace::* 结果：选择 <student> 的命名空间节点

续表

节点轴名称	选择位置	示例
parent	选取当前节点的父节点	示例：/students/student/parent::* 结果：选择<student>的父节点
preceding	选取文档中当前节点的开始标签之前的所有节点	示例：/students/student/preceding::* 结果：选择<student>之前的所有节点
preceding-sibling	选取当前节点之前的所有同胞节点，并与当前节点有相同的父节点	示例：/students/student/name/preceding-sibling::* 结果：选择 <name> 之前的所有同胞节点
self	选取当前节点	示例：/students/student/self::* 结果：选择<student>节点本身

XPath 节点轴是 XPath 语言中一个非常强大的功能，它提供了多种导航方式，能够帮助开发者更高效地定位和操作 XML 文档中的节点。总的来说，XPath 节点轴的主要优点如下。

（1）强大的导航能力

①多方向选择：XPath 节点轴允许用户从当前节点出发，向多个方向选择节点，包括向上（先辈节点）、向下（后代节点）、同级（同胞节点）等。这使得用户可以轻松地在文档的树结构中导航，而不仅仅局限于从根节点到叶子节点的单向选择。

②选择范围灵活：通过不同的节点轴，用户可以选择当前节点的直接子节点（child::）、所有后代节点（descendant::）、同胞节点（following-sibling:: 和 preceding-sibling::）等，这大大增强了选择的灵活性。

（2）提高选择的精确性

XPath 节点轴可以帮助用户更精确地控制选择的范围。例如，如果用户想选择某个节点之后的所有同胞节点，可以使用“following-sibling::”节点轴；如果用户想选择某个节点之前的所有同胞节点，可以使用 “preceding-sibling::”节点轴。

（3）提高可读性

使用节点轴的表达式更容易被阅读和理解。例如，“/students/student/parent::*” 比“/students/student/../ ”更直观，“/students/student/ancestor::*” 比逐层向上查找更简洁。

（4）更高效地定位节点

①处理嵌套和层次结构：在具有复杂的嵌套和层次结构的文档中，XPath 节点轴可以帮助用户更高效地定位节点。例如，“ancestor:: ”节点轴可以让用户快速找到某个节点的先辈节点，而不需要逐层向上查找。

②处理同胞节点：在处理同胞节点时，“following-sibling::”节点轴和“preceding-sibling::”节点轴非常有用。例如，如果用户想选择某个节点之后的所有同胞节点，可以直接使用“ following-sibling:: ”节点轴，而不需要逐个检查。

③避免冗余选择：通过使用合适的节点轴，用户可以避免不必要的冗余选择。例如，使用 “descendant-or-self:: ”节点轴可以直接选择当前节点及其所有的后代节点，而不需要逐层遍历。

（5）增强表达能力

①支持多种选择方式：XPath 节点轴提供了多种选择方式，使得用户可以根据具体需求选择合适的轴。例如，“attribute:: ”节点轴可以让用户选择属性节点，“namespace:: ”节点轴可以让用户选择命名空间节点。

②结合其他函数使用：XPath 轴可以与其他 XPath 函数[如 position（）、last（）等]结合使用，进一步增强表达能力。例如，“/students/following-sibling::*[position（）=2]” 可以选择 <students> 之后的第二个同胞节点。

（6）提高代码复用性

①通用性：XPath 节点轴的使用方式是通用的，可以在不同的 XML 或 HTML 文档中复用。例如，“child::”节点轴和“parent:: ”节点轴在任何文档结构中都可以使用，而不需要根据具体的文档结构进行调整。

②模块化：通过合理使用节点轴，用户可以将复杂的 XPath 表达式分解为多个模块，每个模块负责选择特定类型的节点。这使得代码更加模块化，便于维护和扩展。

5.4
XSLT 语法

XSLT 于 1999 年 11 月 16 日成为 W3C 标准。目前，XSLT 的版本有 XSLT 1.0（1999 年发布）、XSLT 2.0（2007 年发布）和 XSLT 3.0（2017 年发布）。

XSLT 是一种基于 XML 语法、将一个 XML 文档转换为具有其他树状结构文档的语言。在转换过程中，XSLT 将 XML 文档看作源文档，然后 XML 处理器（或 XSL 处理器）对源文档的树状结构进行遍历，将符合 XSLT 文档指定规则（如通过 XPath 路径表达式来定位，并对 XML 数据进行筛选、排序和分类等）的节点按照样式表中的指令转换成其他树状结构的文档。

较为常见的转换有：将 XML 文档转换为 HTML 文档、将 XML 文档转换为 XML 文档、将 XSL 文档转换为 XSL 文档（因为 XSL 本身是一个格式良好的 XML 文档，所以此转换的本质还是将 XML 文档转换为 XML 文档）。本节围绕 XML 样式化显示的实现，重点讲述如何将 XML 文档转换为 HTML 文档。

5.4.1 XSLT 文档

XSLT 文档是一个文件后缀名为“.xsl”的文档。同时，XSLT 语言是基于 XML 语法的，所以 XSLT 文档本身又是一个格式良好的 XML 文档，因此，在文档的第一行必须包含 XML 声明，如例程 5-7 所示。

例程 5-7：

```
<?xml version = "1.0" encoding = "UTF-8"?>
```

把文档声明为 XSL 样式表的根元素是“xsl:stylesheet” 或 “xsl:transform”。根据 XSL

标准，声明 XSL 样式表的正确方法如例程 5-8 所示。在这两个可选的根元素中，都具有相同的语法和属性。其中，“version”和“xmlns”这两个属性是必须要有的，它们的值不能为空。“version”属性的值为 1.0，“xmlns:xsl="http://www.w3.org/1999/XSL/Transform"”指向了官方的 W3C XSLT 命名空间。这也指明了，凡是在 XSLT 文档中用于 XSL 样式表描述的元素都要带上 xsl 这一空间前缀。

例程 5-8：

```
<xsl:stylesheet version="1.0" xmlns:xsl="http://www.w3.org/1999/XSL/Transform">
```

或者（该内容非程序内容）

```
<xsl:transform version="1.0" xmlns:xsl="http://www.w3.org/1999/XSL/Transform">
```

XSLT 作为一种用于转换 XML 文档的语言，使用 XML 来描述转换的规则，其中重要的是模板规则。模板规则是 XSLT 的核心概念之一，它允许开发者定义如何将输入的 XML 文档格式转换为所需的输出格式（如 HTML、XML、纯文本等）。

一个模板规则对应一个模式，该模式指定了它能够作用的树状结构，当模式匹配时就会按照模板规则输出。XSL 处理器在扫描 XML 文档时，依次遍历每一个节点。当处理器找到需要应用模板规则中的模式的节点时，就会将模板规则应用于该节点。这个模板规则可能包括任何内容，如标记、新的数据或者从源 XML 文档中复制的数据。

总的来说，我们可以这样形象地来理解 XSLT 的功能：如果我们将 XML 文件比作结构化的原料，那么 XSLT 就好像筛子与模子；筛子选取自己需要的原料，这些原料再通过模子形成最终的产品，如 HTML。

XSLT 使用“xsl:template”元素来定义模板规则，其基本语法是：

```
<xsl:template match="XPath 路径表达式">
    <!-- 模板内容 -->
</xsl:template>
```

其中，“match”属性指定模板匹配的节点，其属性值使用 XPath 路径表达式来选择特定的节点。在“xsl:template”元素内部的代码中，XPath 路径遵循的原则是：后代元素涉及的 XPath 路径会继承先辈元素的 XPath 路径，从而形成一个连续的 XPath 路径。

例程 5-9 是以例程 5-6 中的 XML 数据为源文档而制定的一个 XSLT 文档。在该 XSLT 文档中，“xsl:template”元素定义了样式化显示的规则。“xsl:template”元素的“match”属性值是 XPath 路径表达式“/”，则把此模板与 XML 源文档的根元素相联系。“xsl:template”元素的内容定义了写到输出结果的 HTML 代码。“xsl:template” 元素内部的“xsl:for-each”、“xsl:value-of”元素为数据选取语句，实现了将例程 5-6 中 name 和 result 节点的姓名和成绩信息逐一读取，并写入模式定义的 HTML 表格中。

name 和 result 节点能够被选取，是因为“xsl:value-of”元素的 XPath 路径“name”和“result”逐层向上继承了“xsl:for-each”元素的 XPath 路径“students/student”和“xsl:template”元素的 XPath 路径“/”，因此，它们分别形成了“/students/student/name”和“/students/student/result”这两条连续的 XPath 路径。

例程 5-9：

```
<?xml version="1.0" encoding="UTF-8"?>
<xsl:stylesheet version="1.0" xmlns:xsl="http://www.w3.org/1999/XSL/Transform">
  <xsl:template match="/">
    <html>
      <body>
        <h2>课程成绩列表</h2>
        <table border="1">
            <tr bgcolor="#9acd32">
              <th>名字</th>
              <th>成绩</th>
            </tr>
            <xsl:for-each select="students/student">
            <tr>
              <td><xsl:value-of select="name"/></td>
              <td><xsl:value-of select="result"/></td>
            </tr>
            </xsl:for-each>
        </table>
      </body>
    </html>
  </xsl:template>
</xsl:stylesheet>
```

5.4.2 XSLT 的转换

在使用 XSLT 进行样式化显示时，可以有多种技术路线来实现信息的显示。

①首先在源 XML 文档中写入引用 XSLT 文件的处理指令（processing instruction，PI），从而指定使用哪个 XSLT 样式表来处理该 XML 文件；然后兼容 XSLT 样式表的软件（如 Chrome、Firefox 和 Safari 等，以及 XML 专用编辑软件中的浏览器）自动寻找指令中指定的 XSLT 文件，自动地根据 XSLT 文件定义的模板规则将 XML 源树转换为 XML 结果树。

引用 XSLT 的文件的处理指令处于 XML 文档第一行的 XML 声明与根元素之间，其具体的语句为：

```
<?xml-stylesheet type="text/xsl" href="XSLT 文档地址"?>
```

向例程 5-6 中的 XML 文档添加该 XSLT 样式表引用的 PI 语句，可形成例程 5-10。然后在 XMLSpy 软件中的浏览器打开 XML 文档，就得到图 5-6 所示的显示结果。其工作原理是：

a. 浏览器加载源 XML 文件：当浏览器加载源 XML 文件时，它会解析文件中的 xml-stylesheet 处理指令。

b. 引用 XSLT 文件：浏览器根据“href”属性指定的路径加载“students.xsl”文件。

c. 应用 XSLT 的转换：浏览器使用 XSLT 文件中的规则将 XML 转换为 HTML。

d. 显示结果：最终的转换结果（HTML 页面）会在浏览器中显示。

例程 5-10：

```
<? xml version="1.0" encoding="UTF-8"? >
<? xml-stylesheet type="text/xsl" href="students.xsl"? >
 <students >
        <student ID="140377701">
              <name>张三</name>
              <gender>男</gender>
              <faculty>印包学院</faculty>
              <result>85</result>
        </student>
        <student ID="140377702">
              <name>李四</name>
              <gender>男</gender>
              <faculty>印包学院</faculty>
              <result>100</result>
        </student>
        <student ID="140377703">
              <name>王二</name>
              <gender>男</gender>
              <faculty>印包学院</faculty>
              <result>99</result>
        </student>
 </students>
```

②借助 XML 专用编辑器，先手动转换得到 XSL 转换结果文档，然后再用对应的浏览软件打开结果文档，获得最终的样式化显示结果。

我们以 XMLSpy 软件为例，首先在打开 XML 源文档（例程 5-6）的界面中手动地在软件中通过“XSL/XQuery -->指定 XSL”得到图 5-7 所示的界面进行 XSLT 文件的选择。然后，通过“XSL/XQuery -->XSL 转换”，软件就会根据所选 XSLT 文件定义的模板规则将 XML 源树转换为 XML 结果树。如图 5-8 所示，XMLSpy 软件会输出结果文档（“XSL Output.html”文档）。同时，该结果文档可从软件中手动保存下来，以供用户进行其他用途使用，例如将获得的 HTML 页面打包生成 EPUB（electronic publication，电子出版物）电子书。

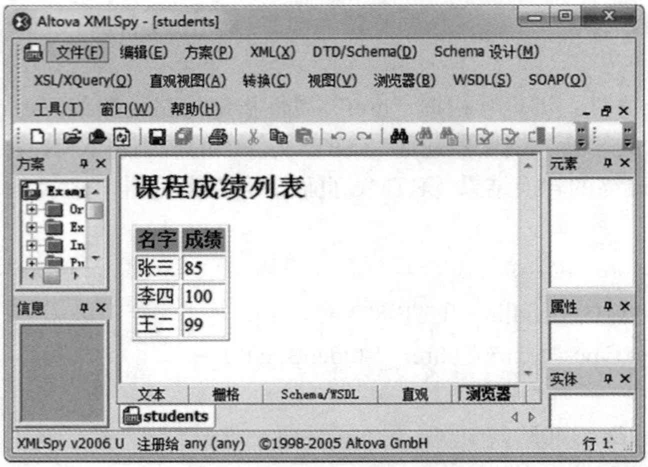

图 5–6　XMLSpy 软件中的浏览器打开引用 XSLT 的 XML 文档

图 5–7　在 XMLSpy 软件中手动选择 XSLT 文件

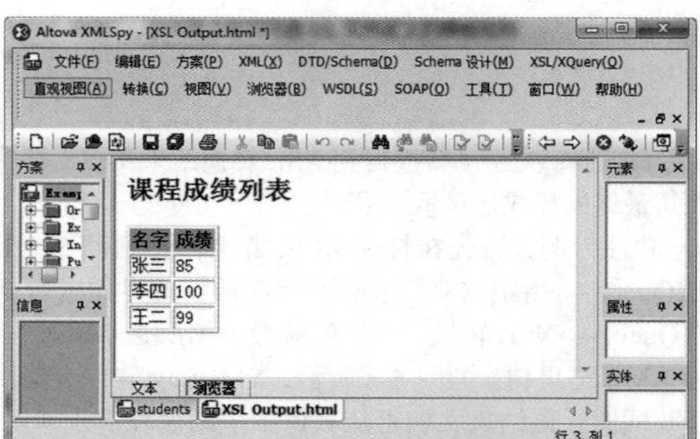

图 5–8　在 XMLSpy 软件输出 XSLT 转换的结果文件

在 XSLT 转换时，中文乱码问题（如图 5-9 所示）是较为常见的问题之一。为解决这个问题，可以在 XSLT 文件中通过“xsl:output”元素指定输出文件的编码格式。例如，在例程 5-9 中添加“<xsl:output method="html" version="5" encoding="GB2312"/>”，得到例程 5-11，即可解决中文乱码问题。在“xsl:output”元素中，“method”属性指定输出的方法，即输出结果的文档类型；“version”属性指定输出文档的版本；“encoding”属性指定文档的字符编码。

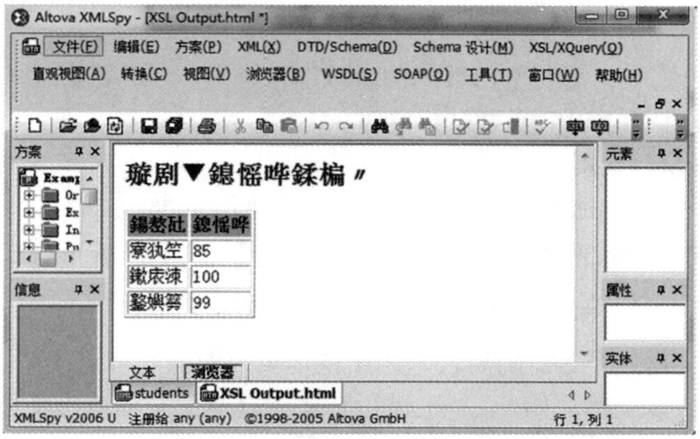

图 5–9　在 XSLT 转换时出现的中文乱码问题

例程 5-11：

```
<?xml version="1.0" encoding="UTF-8"?>
<xsl:stylesheet version="1.0" xmlns:xsl="http://www.w3.org/1999/XSL/Transform">
<xsl:output method="html" version="5" encoding="GB2312"/>
<xsl:template match="/">
  <html>
    <body>
      <h2>课程成绩列表</h2>
      <table border="1">
        <tr bgcolor="#9acd32">
          <th>名字</th>
          <th>成绩</th>
        </tr>
        <xsl:for-each select="students/student">
        <tr>
          <td><xsl:value-of select="name"/></td>
          <td><xsl:value-of select="result"/></td>
        </tr>
        </xsl:for-each>
```

```
      </table>
    </body>
  </html>
</xsl:template>
</xsl:stylesheet>
```

5.4.3 XSLT 中的数据选取

在 XSLT 模板规则中，需要使用数据的选取语句来获得 XML 源文档中感兴趣的数据。本节将重点对一些常用的 XSLT 元素进行说明。

（1）“xsl:value-of”元素

“xsl:value-of”元素用于提取某个选定节点的值（用于提取文本内容、属性值或其他节点的值等），并把值添加到转换的输出中。“xsl:value-of”元素的基本语法如下：

```
<xsl:value-of select="XPath 路径表达式" />
```

其中，“select”是一个必需的属性，用于指定要提取值的节点或节点集。默认情况下，“xsl:value-of”会对特殊字符（如 <、>）进行转义，以避免破坏输出文档的结构。如果需要输出原始内容（例如 HTML 标签），可以设置一个可选的属性“disable-output-escaping="yes"”。此外，如果选择的节点不存在，“xsl:value-of”不会输出任何内容来进行空值处理。

在例程 5-9 中，<xsl:value-of select="name"/>就是从 XML 源文档中把 XPath 路径表达式指向的 name 节点的文本数据取出，并把值添加到“<td>…</td>”标签中。

（2）“xsl:for-each”元素

“xsl:for-each”元素的主要作用是遍历一个节点集，并对每个节点执行指定的操作，实现对 XML 文档中的节点集进行迭代处理。因此，它常用于处理 XML 中的重复数据结构（例如列表、表格或数组等），允许用户对这一组节点逐一应用模板规则，从而实现循环功能。“xsl:for-each”元素的基本语法如下：

```
<xsl:for-each select="XPath 路径表达式">
        <!-- 在这里编写对每个节点的操作 -->
</xsl:for-each>
```

其中，“select”是一个必需的属性，用于指定要遍历的节点集。“xsl:for-each”元素的主体部分是对每个节点的操作，可以包含 XSLT 模板代码、文本内容或其他 XSLT 元素，用于对当前节点进行处理。

在使用“xsl:for-each”元素时，在“xsl:for-each”的主体中，当前节点（遍历过程中，每次处理到的节点，即上下文节点）会变为正在处理的节点。这意味着用户需要使用相对路径来访问当前节点的子节点或属性。在例程 5-9 中，“<xsl:for-each select="students/student">…</xsl:for-each>”的主体中，“xsl:value-of”元素的 XPath 路径表达式“name”和“result”均为相对路径，以适应执行过程中的上下文节点的变化。

“xsl:for-each”元素是一种简单的循环机制，如果需要对节点集进行排序，可以在“xsl:for-each”内部使用“xsl:sort”。同时，在复杂的情况下，建议使用“xsl:apply-templates”和模板，因为它们可以提高代码的可重用性，这样更灵活且更符合 XSLT 的设计哲学。后续将安排单独一小节对模板的重用性进行阐述。

（3）“xsl:sort”元素

“xsl:sort”元素用于定义排序规则，实现对节点集进行排序。它支持对文本、数字和日期等多种数据类型的排序，通常与“xsl:for-each”或“xsl:apply-templates”结合使用，以对遍历的节点进行排序处理。通过“xsl:sort”，用户可以根据节点的值、属性或其他条件对节点集进行升序或降序排序。“xsl:sort”元素的基本语法如下：

```
<xsl:sort select="XPath 路径表达式"
          order="ascending|descending"
          data-type="text|number|date"
          lang="language-code"
          case-order="upper-first|lower-first" />
```

其中，“select”是一个必需的属性，指定排序的依据。通常是一个 XPath 路径表达式，指向需要排序的节点或属性。“order”是指定排序顺序的可选属性，其默认值为 ascending（升序），也可以设置为 descending（降序）。“data-type”是指定排序的数据类型的可选属性，默认值为 text（文本），也可以设置为 number（数字）或 date（日期）。“lang”是指定排序时使用的语言代码的可选属性。对于文本排序，语言代码会影响字符的排序规则。“case-order”是指定排序时的大小写顺序的可选属性，默认值为 upper-first（大写字母在前），也可以设置为 lower-first（小写字母在前）。

当需要对例程 5-10 中的内容按成绩的升序排序，那么例程 5-9 可改写为例程 5-12。得到的排序结果如图 5-10 所示。排序时，我们需要特别注意排序的数据类型。如果排序的数据是数字，要确保 “data-type="number"”，否则可能会按字符串顺序排序。如果排序的数据是日期，要确保“ data-type="date"”，并确保日期格式符合 XSLT 的要求（如 YYYY-MM-DD）。

例程 5-12：

```
<?xml version="1.0" encoding="UTF-8"?>
<xsl:stylesheet version="1.0" xmlns:xsl="http://www.w3.org/1999/XSL/Transform">
  <xsl:template match="/">
    <html>
      <body>
        <h2>课程成绩列表</h2>
         <table border="1">
            <tr bgcolor="#9acd32">
              <th>名字</th>
              <th>成绩</th>
            </tr>
            <xsl:for-each select="students/student">
              <xsl:sort select="result" data-type="number" order="ascending" />
              <tr>
```

```
                <td><xsl:value-of select="name"/></td>
                <td><xsl:value-of select="result"/></td>
            </tr>
          </xsl:for-each>
        </table>
      </body>
    </html>
  </xsl:template>
</xsl:stylesheet>
```

图 5-10　按成绩的升序排序的结果

当需要对例程 5-10 中的内容按姓名的升序排序，那么例程 5-9 可改写为例程 5-13。得到排序结果如图 5-11 所示。在文本排序中，“case-order”属性可以控制大小写字母的排序顺序。默认情况下，大写字母排在小写字母前面。

例程 5-13：

```
<?xml version="1.0" encoding="UTF-8"?>
<xsl:stylesheet version="1.0" xmlns:xsl="http://www.w3.org/1999/XSL/Transform">
  <xsl:template match="/">
    <html>
      <body>
        <h2>课程成绩列表</h2>
        <table border="1">
            <tr bgcolor="#9acd32">
              <th>名字</th>
              <th>成绩</th>
            </tr>
            <xsl:for-each select="students/student">
              <xsl:sort select="name" data-type="text" order="ascending" />
              <tr>
                <td><xsl:value-of select="name"/></td>
                <td><xsl:value-of select="result"/></td>
```

```
                </tr>
              </xsl:for-each>
            </table>
          </body>
        </html>
      </xsl:template>
    </xsl:stylesheet>
```

图 5–11　按姓名的升序排序的结果

如果需要稍微复杂的多级排序，可以多次使用“xsl:sort”元素来实现。它们排序的优先级从上到下依次降低。例如，先按成绩排序，再按姓名排序，就可以得到例程 5-14。“xsl:sort”元素还通过与“xsl:for-each”或“xsl:apply-templates”结合使用，实现更为复杂的排序逻辑。

例程 5-14：

```
<?xml version="1.0" encoding="UTF-8"?>
<xsl:stylesheet version="1.0" xmlns:xsl="http://www.w3.org/1999/XSL/Transform">
  <xsl:template match="/">
    <html>
      <body>
        <h2>课程成绩列表</h2>
        <table border="1">
            <tr bgcolor="#9acd32">
              <th>名字</th>
              <th>成绩</th>
            </tr>
            <xsl:for-each select="students/student">
              <xsl:sort select="result" data-type="number" order="ascending" />
              <xsl:sort select="name" data-type="text" order="ascending" />
              <tr>
                 <td><xsl:value-of select="name"/></td>
                 <td><xsl:value-of select="result"/></td>
```

```
                </tr>
              </xsl:for-each>
            </table>
          </body>
        </html>
      </xsl:template>
    </xsl:stylesheet>
```

（4）“xsl:if”元素

如果用户对 XML 数据不需要全部输出，而只需要其中的满足某条件的部分数据，那么条件判断“xsl:if”与多条件判断“xsl:choose”及“xsl:when”则迎合了这种需要。

“xsl:if”元素是 XSLT 中的一个简单而强大的条件处理指令，用于在 XSLT 样式表中根据指定的条件（布尔表达式）来选择性地执行某些操作，实现动态地生成输出。“xsl:if”元素的基本语法如下：

```
<xsl:if test="布尔表达式">
    <!-- 在这里放置需要执行的代码 -->
</xsl:if>
```

其中，“test”是一个必需的属性，属性值为一个布尔表达式。表达式的结果必须是布尔值（true 或 false），用于判断条件是否成立。如果表达式的结果为 true，则执行“xsl:if”元素中的内容；如果结果为 false，则忽略该元素中的内容。如果表达式返回非布尔值（如字符串或数字），XSLT 会尝试将其隐式转换为布尔值。例如：非空字符串或非零数字会被视为 true，空字符串或数字“0”会被视为 false。

例如，我们希望输出成绩在 90 分以上的学生信息。那么可以使用例程 5-15 中的 XSLT 代码有条件地进行数据选择，得到的结果如图 5-12 所示。

例程 5-15：

```
<?xml version="1.0" encoding="UTF-8"?>
<xsl:stylesheet version="1.0" xmlns:xsl="http://www.w3.org/1999/XSL/Transform">
  <xsl:template match="/">
    <html>
      <body>
        <h2>课程成绩列表</h2>
        <table border="1">
          <tr bgcolor="#9acd32">
            <th>名字</th>
            <th>成绩</th>
            <th>学院</th>
            <th>性别</th>
          </tr>
```

```
            <xsl:for-each select="students/student">
              <xsl:if test="result > 90">
                <tr>
                  <td><xsl:value-of select="name"/></td>
                  <td><xsl:value-of select="result"/></td>
                  <td><xsl:value-of select="faculty"/></td>
                  <td><xsl:value-of select="gender"/></td>
                </tr>
              </xsl:if>
            </xsl:for-each>
          </table>
        </body>
      </html>
    </xsl:template>
  </xsl:stylesheet>
```

课程成绩列表

名字	成绩	学院	性别
李四	100	印包学院	男
王二	99	印包学院	男

图 5–12　按大于 90 分的选择条件得到的 XSLT 转换结果

在使用“xsl:if”元素时，它可以被嵌套在其他指令下，但不能与其他条件指令（如 <xsl:choose>和 <xsl:when> ）直接嵌套。

（5）“xsl:choose”元素

“xsl:choose”元素是 XSLT 中用于实现多条件分支的核心元素，适用于需要根据多个条件动态生成输出的场景。“xsl:choose”元素通常与“xsl:when”和“xsl:otherwise”元素一起配合使用，提供了强大的条件处理能力，允许根据不同的条件选择性地执行不同的代码块，以实现复杂的条件逻辑。“xsl:choose”元素的基本语法如下：

```
<xsl:choose>
    <xsl:when test="条件 1">
        <!-- 如果条件 1 为 true，则执行这里的代码 -->
    </xsl:when>
    <xsl:when test="条件 2">
        <!-- 如果条件 1 为 false，但条件 2 为 true，则执行这里的代码 -->
    </xsl:when>
    </xsl:when test="条件 3">
        …
```

```
        </xsl:when>
        <xsl:otherwise>
            <!-- 如果前述所有条件都为 false，则执行这里的代码 -->
        </xsl:otherwise>
    </xsl:choose>
```

在“xsl:choose”元素的语法中，“xsl:choose”元素定义了一个条件选择结构。“xsl:when”元素是必需的元素，且每个“xsl:when”元素都包含一个“test”属性，用于指定条件。“test”属性值为一个布尔表达式，且表达式的结果必须是布尔值（true 或 false），或者可以被隐式转换为布尔值，用于判断条件是否成立。如果“xsl:when”元素的条件为 true，则执行该“xsl:when”元素中的代码，并且后续的“xsl:when”和“xsl:otherwise”元素中的代码将被忽略。“xsl:otherwise”元素是可选元素，且其顺序只能处于所有“xsl:when”元素之后，用于定义默认情况（即当所有“xsl:when”元素的条件都不满足时执行的代码）。

为了实现多条件选择，每个“xsl:choose”元素中可以有多个“xsl:when”元素，但只能有一个“xsl:otherwise”元素。并且“xsl:when”元素的顺序很重要，因为它决定了条件的优先级。一旦某个条件为 true，后续的条件将不再检查。为实现更复杂的逻辑，“xsl:choose”元素还可以嵌套在自身内部进行嵌套使用。

以例程 5-10 为源数据，根据学生的成绩输出不同的评价信息：成绩等于 100 时输出“优异”；成绩在 90 到 99 之间时输出“优秀”；成绩在 80 到 89 之间时输出“良好”；其他情况下则输出“继续努力”。那么可以使用例程 5-16 中的 XSLT 代码进行多条件的数据选择，并得到图 5-13 所示的转换结果。

例程 5-16：

```
<?xml version="1.0" encoding="UTF-8"?>
<xsl:stylesheet version="1.0" xmlns:xsl="http://www.w3.org/1999/XSL/Transform">
  <xsl:template match="/">
    <html>
      <body>
        <h2>课程成绩列表</h2>
        <table border="1">
          <tr bgcolor="#9acd32">
            <th>名字</th>
            <th>成绩</th>
            <th>评价</th>
          </tr>
          <xsl:for-each select="students/student">
            <xsl:choose>
                <xsl:when test="result=100">
                    <tr>
                        <td><xsl:value-of select="name"/></td>
```

```
                <td><xsl:value-of select="result"/></td>
                <td>优异</td>
            </tr>
        </xsl:when>
        <xsl:when test="result>90">
            <tr>
                <td><xsl:value-of select="name"/></td>
                <td><xsl:value-of select="result"/></td>
                <td>优秀</td>
            </tr>
        </xsl:when>
        <xsl:when test="result>80">
            <tr>
                <td><xsl:value-of select="name"/></td>
                <td><xsl:value-of select="result"/></td>
                <td>良好</td>
            </tr>
        </xsl:when>
        <xsl:otherwise>
            <tr>
                <td><xsl:value-of select="name"/></td>
                <td><xsl:value-of select="result"/></td>
                <td>继续努力</td>
            </tr>
        </xsl:otherwise>
      </xsl:choose>
    </xsl:for-each>
   </table>
  </body>
 </html>
</xsl:template>
</xsl:stylesheet>
```

课程成绩列表

名字	成绩	评价
张三	85	良好
李四	100	优异
王二	99	优秀

图 5-13　多选择下动态生成输出的 XSLT 转换结果

5.4.4　XSLT 中模板的复用

在多人协作的工程实践中，XSLT 模板复用可以显著提升开发效率、减少重复代码，并支持团队成员之间的分工合作。同时，模板复用还能提高代码的可维护性和可扩展性。模板复用常通过“xsl:call-template”和“xsl:apply-templates”等指令来实现。

（1）使用“xsl:call-template”元素调用命名模板

通过“xsl:call-template”元素可以显式调用一个命名模板。命名模板需要在“xsl:template”元素中使用“name”属性定义。命名模板的基本语法是：

```
<xsl:template name="模板名称">
    <!-- 模板内容 -->
</xsl:template>
```

其中，“name”属性为模板指定一个自定义名称。样式表可以包含多个命名模板，每个模板含有当某个指定的节点被匹配时所应用的规则。

调用命名模板时，在需要调用模板（规则代码）的位置应用“xsl:call-template”元素，并通过“name”属性指定对应命名模板的模板名称，就可以将命名模板中的模板内容调用过来。并且，命名模板被调用的次数不限。“xsl:call-template”元素的基本语法是：

```
<xsl:call-template name="被调用的模板名称" />
```

例如，我们可以将例程 5-9 改写为例程 5-17。在例程 5-17 中，定义了一个名为 showStudent 的命名模板，然后通过“xsl:call-template”调用它。

在 XSLT 文档中调用命名模板时，需要特别注意的是，命名模板内涉及的 XPath 路径必须和“xsl:call-template”元素的前辈元素的 XPath 路径形成连续的 XPath 路径。否则，因为没有形成连续的 XPath 路径，会导致预期的节点无法被取得，从而出现模板虽然被调用，但预期的执行结果却无法获得。

例程 5-17：

```
<?xml version="1.0" encoding="UTF-8"?>
<xsl:stylesheet version="1.0" xmlns:xsl="http://www.w3.org/1999/XSL/Transform">
  <xsl:template match="/">
    <html>
      <body>
        <h2>课程成绩列表</h2>
        <table border="1">
          <tr bgcolor="#9acd32">
            <th>名字</th>
            <th>成绩</th>
          </tr>
          <xsl:for-each select="students/student">
            <xsl:call-template name="showStudent" />
          </xsl:for-each>
```

```
            </table>
        </body>
    </html>
</xsl:template>
<xsl:template name="showStudent">
        <tr>
            <td><xsl:value-of select="name"/></td>
            <td><xsl:value-of select="result"/></td>
        </tr>
    </xsl:template>
</xsl:stylesheet>
```

（2）使用“xsl:apply-templates”元素匹配模板

在 XSLT 中，还可以通过“xsl:apply-templates”元素根据 XPath 路径选择匹配的模板并应用，从而实现模板的调用。

首先，在定义被调用的模板时使用“match”属性中的 XPath 路径表达式可以指定模板匹配的节点：

```
<xsl:template match="XPath 路径表达式 1">
        <!-- 模板内容 -->
</xsl:template>
```

然后，在应用“xsl:apply-templates”元素调用此模板时，则使用“select”属性的 XPath 路径表达式来匹配对应节点的模板。“xsl:apply-templates”元素的基本语法是：

```
<xsl:apply-templates select="XPath 路径表达式 2">
```

需要特别注意的是，“xsl:apply-templates”元素在 XSLT 文档中的 XPath 路径需要和先辈元素的 XPath 路径形成连续的路径，虽然存在“XPath 路径表达式 1”与“XPath 路径表达式 2”在形式上不一致的情形，但是在调用的过程中，“XPath 路径表达式 1”与“XPath 路径表达式 2”指向的节点（节点集）必须是一致的。

例如，我们还可以将例程 5-9 改写为例程 5-18，其执行后的 XSLT 转换结果不变。在例程 5-18 中，在模板定义时，其匹配的节点的 XPath 路径表达式是“student”；在“xsl:apply-templates”元素调用此模板时，XPath 路径表达式是“students/student”。虽然二者的形式不一样，但指向的都是 student 节点，所以模板能够被成功调用。

例程 5-18：

```
<?xml version="1.0" encoding="UTF-8"?>
<xsl:stylesheet version="1.0" xmlns:xsl="http://www.w3.org/1999/XSL/Transform">
    <xsl:template match="/">
        <html>
            <body>
```

```
            <h2>课程成绩列表</h2>
            <table border="1">
              <tr bgcolor="#9acd32">
                <th>名字</th>
                <th>成绩</th>
              </tr>
              <xsl:apply-templates select="students/student"/>
            </table>
          </body>
        </html>
      </xsl:template>
      <xsl:template match="student">
        <tr>
          <td><xsl:value-of select="name"/></td>
          <td><xsl:value-of select="result"/></td>
        </tr>
      </xsl:template>
    </xsl:stylesheet>
```

此外，XSLT 还可以使用模板的“mode”属性实现多用途模板。“mode”属性允许同一个模板在不同模式下被多次调用，从而实现不同的处理逻辑。在 XSLT 2.0 中，“xsl:next-match”和“xsl:apply-imports”元素可以用于调用优先级较低的匹配模板，实现类似于面向对象编程中的“继承”功能。

第 6 章

XSL-FO：从样式表到格式化文档

正如前文所述，XSL-FO 是 XSL 的一部分。相比于将 XML 转换为其他格式（如 HTML、XML 等）的 XSLT，XSL-FO 则专注于面向屏幕、纸或者其他媒介将 XML 文档转换为格式化文档（如 PDF、PostScript 和 RTF 等格式的文档），是实现高质量打印和页面布局的强大工具。

6.1 XSL-FO 概述

XSL-FO 广泛应用于需要精确格式化输出的场景，例如：生成 PDF 文档——将 XML 数据格式转换为 PDF 格式，用于报告、手册、发票等；打印文档——控制页面布局、字体、颜色等，确保打印输出符合要求；电子出版物——用于生成电子书、技术文档等。

在工程实践中，通常会利用 XSLT 将 XML 数据转换为 XSL-FO 文档，然后再由 XSL-FO 处理器（如 Apache FOP）进一步转换为最终的格式化文档（如 PDF 格式的文档）。

XSL-FO 在 2001 年 10 月 15 日被确立为 W3C 推荐标准，是基于 XML 语言的。因此，XSL-FO 文档实质是一个 XML 文档，XSL-FO 文档存储时可以以“.xml”为后缀名存储，这样更方便使 XSL-FO 文档被 XML 专用编辑器存取。但是更严格来说，XSL-FO 文档应该存储在以“.fo”或“.fob”为后缀名的文件中。

XSL-FO 以“http://www.w3.org/1999/XSL/Format”作为命名空间，所有 XSL-FO 元素和属性都必须在该命名空间下定义。一个典型的 XSL-FO 文档结构如例程 6-1 所示。

例程 6-1：

```
<?xml version="1.0" encoding="UTF-8"?>
<fo:root xmlns:fo="http://www.w3.org/1999/XSL/Format">
    <fo:layout-master-set>
      <fo:simple-page-master master-name="A4">
        <!--  定义页面布局  -->
      </fo:simple-page-master>
    </fo:layout-master-set>
```

```
    <fo:page-sequence master-reference="A4">
        <!-- 页面内容 -->
    </fo:page-sequence>
</fo:root>
```

在 XSL-FO 文档结构中，“fo:layout-master-set”元素定义页面布局模板，可以含有一个或多个用于定义页面模板的“fo:simple-page-master”元素。每一个“fo:simple-page-master”元素都有一个“master-name”属性，其属性值是一个自定义的且有唯一性的名称。在例程 6-1 中“master-name”属性值“A4”实际上并没有描述某个预定义的页面格式，它仅仅是一个名称，它还可以是“MyPage”“MyTemplate”等名称，主要是在本文档中具有唯一性即可。页面布局用于定义页面的属性，例如定义页面的尺寸、页面边界和文本的排列方向、页面的顺序等。

一个或多个“fo:page-sequence”元素用于控制页面的生成，定义有关页面序列的文档数据。“master-reference”属性通过使用与“fo:simple-page-master”元素中“master-name”属性值一致的页面模板名称来引用对应的页面模板。在 XSL-FO 中，文档数据是由一系列附属于一个页面布局的数据流组成。数据流又包括一系列的按顺序排列的数据块，每个数据块则是一系列的文本数据、内嵌的置标元素或者是二者的组合。同时，在文档边界也可以加入页码、章节等类似内容。

因此，XSL-FO 文档包括两个必需部分：第一部分是“fo:layout-master-set”元素定义出的页面布局细节；第二部分是根据不同的页面布局确定如何在不同的页面上摆放内容，“fo:page-sequence”元素在“fo:simple-page-master”元素所定义的页面模板上进行内容的格式化精确控制，形成带有格式控制标记的文档数据。

6.2 页面布局模板的定义

XSL-FO 定义了一系列的矩形区域来显示输出。其中，页面是 XSL-FO 输出的基本单位，可以是打印输出中的单页，也可以是浏览器中的长页面。在页面内，页面又分为图 6-1 所示的若干个区域。区域是页面布局的基本组成部分，用于定义页面的不同部分，以便容纳内容。所有的输出内容都会被格式化到这些区域中，然后会被显示或打印到某个目标媒介上。

XSL-FO 的输出会被格式化到页面中，打印输出通常会进一步被分为许多分割的页面，浏览器输出经常会成为一个长的页面。每个 XSL-FO 页面均包含 region-body（页面的主体区域），定义了页面中用于放置主要文档内容的区域，页面的主体内容（如段落、标题、表格等）会被渲染到这个区域中。在 region-body 的上下左右方向又分别定义了 region-before（页眉）、region-after（页脚）、region-start（左侧栏）和 region-end（右侧栏）这四个区域。需要特别注意的是：region-before、region-after、region-start 以及 region-end 是主体区域 region-body 的一部分。

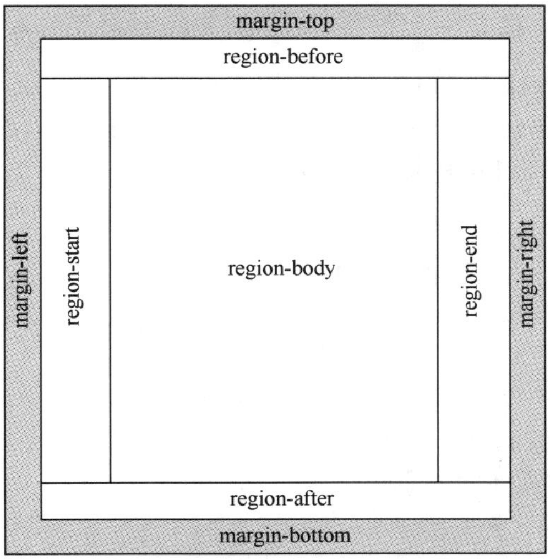

图 6–1　XSL–FO 定义的页面各区域示意图

region-body 的区域大小是依赖于页面边距来定义的。它可以通过 margin（所有边的边距）进行统一的等边距定义，也可以分别通过 margin-top（上边距）、margin-bottom（下边距）、margin-left（左边距）和 margin-right（右边距）进行单独定义。region-body 的内容区域则依赖于 region-body 其自身的边距来定义。因此，为了避免主体区域的文本覆盖到 region-before、region-after、region-start 以及 region-end 这些区域，主体区域的主体边距至少要等于与之重叠的其他区域的尺寸。

基于这些区域的分别定义，就能很好地对一个页面布局模板进行描述。

例程 6-2：

```
<fo:simple-page-master master-name="A4"   page-width="297mm"   page-height="210mm"
 margin-top="3cm"   margin-bottom="3cm"   margin-left="2cm"   margin-right="2cm">
    <fo:region-body     margin="3cm"/>
    <fo:region-before extent="2cm"/>
    <fo:region-after    extent="2cm"/>
    <fo:region-start    extent="2cm"/>
    <fo:region-end      extent="2cm"/>
</fo:simple-page-master>
```

例程 6-2 给出了一个取名为“A4”的页面布局模板的定义代码。“fo:simple-page-master”元素的“page-width”和“page-height”属性分别定义了页面的宽度是 297mm，高度是 210mm；“margin-top”和“margin-bottom”属性定义了页面顶部和底部边距都为 3cm，“margin-left”和“margin-right”属性则定义了页面左右边距均为 2cm。那么，所定义的 region-body 尺寸计算如下：

$$宽度 = 297mm-20mm-20mm = 257mm$$

$$高度 = 210mm–30mm–30mm = 150mm$$

“fo:simple-page-master”元素的子元素“fo:region-body”定义了页面中用于放置主要文档内容的区域，属性“margin="3cm"”定义了主体区域的边距是 3cm。因此，region-body 的内容区域，也就是在排版和印刷领域的版心（也称为版面正文区或正文区域）的尺寸计算如下：

$$宽度 = 257mm–30mm = 227mm$$

$$高度 = 150mm–30mm = 120mm$$

“fo:simple-page-master”元素的子元素“fo:region-before”、“fo:region-after”、“fo:region-start”和“fo:region-end”都通过“extent”属性定义 region-before、region-after、region-start 以及 region-end 这四个区的宽度均为 2cm。

6.3 格式化内容的输出

6.3.1 输出页面的定义

XSL-FO 定义格式化内容的输出的技术逻辑是：首先将页面的实际内容块汇入流，然后渲染到页面的区域中，最后输出到媒介。在代码层面，输出内容通常被嵌套在“fo:block”元素中，“fo :block”元素嵌套于“fo:flow”元素中，“fo:flow”元素则嵌套于“fo:page-sequence”元素中。因此，“fo:page-sequence”元素作为页面输出元素的容器，实现页面内容的组织和格式化，它的基本结构是：

```
<fo:page-sequence master-reference="page-master-name">
        <fo:flow flow-name="页面区域名称">
                <!-- 输出动态内容 -->
        </fo:flow>
</fo:page-sequence>
```

“fo:page-sequence”元素通过必需的“master-reference”属性，引用“fo:simple-page-master”或“fo:page-sequence-master”元素定义的页面布局模板，从而确定页面的布局。此外，还可以通过可选属性来设置页码的起始值（“initial-page-number”属性）、控制页面的强制分页行为（“force-page-count”属性）、设置页面的语言（“language”属性）和国家（“country”属性）等。

在设置好页面布局模板后，使用来自子元素“fo:flow”定义的内容进行填充。因此，“fo:flow”元素包含所有被打印到页面的元素。“fo:flow”元素的“flow-name”属性则定义了输出的内容会去往页面的哪个区域。基于 XSL-FO 对页面区域的定义，“flow-name”属性值的合法值有：xsl-region-body（region-body 区域）、xsl-region-before（region-before 区域）、xsl-region-after（region-after 区域）、xsl-region-start（region-start 区域）和 xsl-region-end（region-end 区域）。在工程实践中，通常的页面输出设计中会将主体内容输出在主体区域（region-body），其他区域会用于页眉、页脚及其他的设计。

设定好页面区域后，当一个页面被印满而内容未输出完时，系统会重复使用相同的页面布局模板，并继续在相同的区域进行内容打印，直到所有内容都被打印为止。因此，“fo:flow”元素实现的内容输出是属于动态内容的输出，因为这些内容会根据页面布局动态流动。而对于如页眉、页脚这类需要在多个页面中重复显示的信息，XSL-FO 将其定义为静态内容，并使用“fo:static-content”元素来定义。“fo:static-content”元素的基本语法是：

```
<fo:static-content flow-name="页面区域名称">
    <!--输出静态内容-->
</fo:static-content>
```

例程 6-3 给出的代码实现了在 region-before 区域打印静态文本“这是页眉内容”，在 region-after 区域打印静态文本“这是页脚内容”，在 region-body 区域打印动态文本“这是页面主体内容”。

例程 6-3：

```
<fo:page-sequence master-reference="simple-page-master">
    <fo:static-content flow-name="xsl-region-before">
        <fo:block>这是页眉内容</fo:block>
    </fo:static-content>
    <fo:static-content flow-name="xsl-region-after">
        <fo:block>这是页脚内容</fo:block>
    </fo:static-content>
    <fo:flow flow-name="xsl-region-body">
        <fo:block>这是页面主体内容</fo:block>
</fo:flow>
</fo:page-sequence>
```

6.3.2　块级容器

从例程 6-3 中可以看到，不管是动态内容还是静态内容，其内容都是放置在“fo:block”元素中。在 XSL-FO 中，“fo:block”元素用于定义块级容器，是页面内容的主要组成部分。“fo:block”元素是一个非常灵活的块级容器，可以用来构建复杂的页面布局和内容结构。它不仅可以格式化文本内容，还可以包含和格式化其他类型的元素，例如表格、列表、内联元素、图片等。

XSL-FO 定义的块区域是矩形框，它可共享许多公共的区域属性，如图 6-2 所示。space-before 和 space-after 是块与块之间起分隔作用的空白。margin 是块外侧的空白区域。border 是区域外部边缘的矩形，其四个边均可有不同的宽度，也可被填充为不同的颜色和背景图像。padding 是位于内容区域与边框之间的区域。内容区域 content 可包含实际的内容。

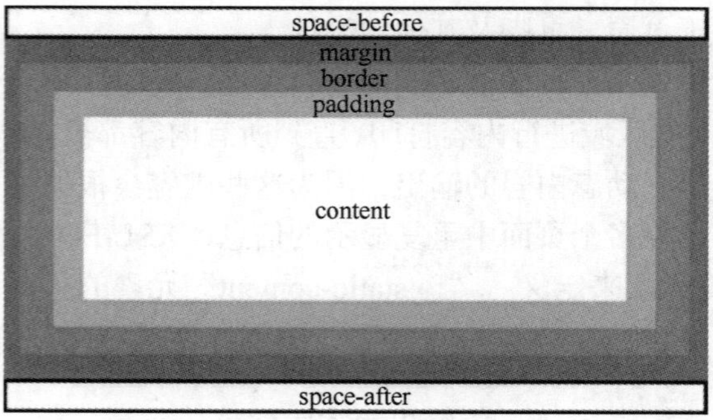

图 6-2　XSL-FO 定义的块区域示意图

“fo:block”元素支持大量的属性，用于控制其样式和布局。表 6-1 展示了一些“fo:block”元素的常用属性。

表 6-1　“fo:block”元素的常用属性

属性	说明
font-family	字体族（如 Arial、Times New Roman 等）
font-size	字体大小（如 12pt、14px 等）
font-weight	字体粗细（如 normal、bold 等）
font-style	字体风格（如 normal、italic 等）
color	文本颜色（如 black、#FF0000 等）
text-align	文本对齐方式（如 left、right、center、justify 等）
line-height	行高（如 1.5、20px）
margin-top	上边距
margin-bottom	下边距
margin-left	左边距
margin-right	右边距
padding-top	上内边距
padding-bottom	下内边距
padding-left	左内边距
padding-right	右内边距
background-color	背景颜色
text-decoration	文本装饰（如 underline、overline 等）
keep-together	控制内容是否应保持在同一页面上
keep-with-next	控制当前块与下一个块是否保持在同一页面上

“fo:block”元素在定义元素的边框样式时，需要使用到“border”属性。“border”属性是一个复合属性，可以同时设置边框的宽度、样式和颜色。“border ”属性的值由三个部分

组成，分别对应边框的宽度（可选值见表 6-2）、样式（可选值见表 6-3）和颜色。例如，“border="2px dashed red"”设置了宽度为 2px 的虚线红色边框。

表 6-2　“border”属性的边框宽度可选值

属性值	说明
长度值	如 1pt（点）、2px（像素）、0.5mm（毫米）、0.1in（英寸）等
thin	细边框
medium	中等边框
thick	粗边框

表 6-3　“border”属性的边框样式可选值

属性值	说明
none	无边框（默认值）
hidden	隐藏边框（与 none 类似，但在表格中用于隐藏特定边框）
dotted	点状边框
dashed	虚线边框
solid	实线边框
double	双线边框
groove	3D 凹槽效果
ridge	3D 嵌条效果
inset	3D 内嵌效果
outset	3D 外嵌效果

如果需要为单边设置边框，可以使用属性“border-top”、“border-bottom”、“border-left”和“border-right”分别设置上下左右四个单边框。例程 6-4 分别为顶部和底部单独设置了边框样式。

例程 6-4：

```
<fo:block border-top="2pt solid red" border-bottom="1pt dashed blue">
        这是一个“顶部红色实线边框”和“底部蓝色虚线边框”。
</fo:block>
```

例程 6-5 是完整的 XSL-FO 文档，展示了如何使用“fo:block”元素来格式化文本内容。在这个示例中：第一个<fo:block>是标题，使用 Arial 字体，蓝色文本，居中对齐，并设置了下边距；第二个<fo:block>是段落文本，使用 Times New Roman 字体，行高为 1.5，两端对齐；第三个 <fo:block>是右对齐的文本，使用 Courier New 字体，红色文本。

例程 6-5：

```
<?xml version="1.0" encoding="UTF-8"?>
<fo:root xmlns:fo="http://www.w3.org/1999/XSL/Format">
    <fo:layout-master-set>
        <fo:simple-page-master master-name="A4" page-width="210mm" page-height="297mm" margin="2cm">
            <fo:region-body margin="2cm" />
            <fo:region-before extent="2cm" />
            <fo:region-after extent="2cm" />
        </fo:simple-page-master>
    </fo:layout-master-set>
    <fo:page-sequence master-reference="A4">
        <fo:flow flow-name="xsl-region-body">
            <!-- 定义一个块级容器 -->
            <fo:block font-family="Arial" font-size="14pt" color="blue" text-align="center" margin-bottom="10mm">
                这是标题。
            </fo:block>
            <fo:block font-family="Times New Roman" font-size="12pt" line-height="1.5" text-align="justify">
                这是段落文本，用于展示如何使用“fo:block 元素”来格式化内容。
            </fo:block>
            <fo:block font-family="Courier New" font-size="10pt" color="red" text-align="right">
                这是右对齐的文本。
            </fo:block>
        </fo:flow>
</fo:page-sequence>
</fo:root>
```

为实现更复杂的布局，“fo:block”元素还可以嵌套使用。如例程 6-6 所示，可以将多个“fo:block”元素放在一个父“fo:block”元素中，以实现分组效果。

例程 6-6：

```
<fo:block font-family="Arial" font-size="12pt" border="1px solid black" padding="5mm">
```

```
    <fo:block font-weight="bold">这是分组标题</fo:block>
<fo:block>这是分组内的段落文本。</fo:block>
</fo:block>
```

在“fo:block”元素中，可以通过内联元素“fo:inline”实现插入的格式化文本在不改变其周围文本的布局的情况下与其他文本内容在同一行显示，除非遇到换行符或其他块级元素。“fo:inline”元素的一些常用属性及其作用见表 6-4，“fo:inline”元素的使用如例程 6-7 所示。

例程 6-7：

```
<fo:block font-size="12pt">
    这是一段普通文本，其中包含一个
    <fo:inline font-weight="bold" color="red">
        加粗且红色的文本
    </fo:inline>
</fo:block>
```

表 6-4　“fo:inline”元素的常用属性及其作用

属性	说明
font-size	设置字体大小
color	设置文本颜色
font-weight	设置字体粗细（如 normal、bold）
font-style	设置字体样式（如 normal、italic）
text-decoration	设置文本装饰（如 underline、line-through、overline）
baseline-shift	调整文本的基线位置（如 super、sub、baseline）
letter-spacing	设置字母间距
word-spacing	设置单词间距
text-transform	设置文本转换（如 uppercase、lowercase）

6.4 XML 文档转换为 PDF 文档

在基于 XML 源数据的样式化输出时，使用 XSL-FO 处理器将 XML 数据转换为格式化的 PDF 文档是一种常见的文档生成方式。首先通过 XSLT 将 XML 源数据转换为 XSL-FO 文档，然后使用 XSL-FO 处理器将 XSL-FO 文档转换为 PDF 文档。目前，市面上有多种 XSL-FO 处理器可供选择，包括开源和商业产品。其中，Apache FOP 由于具有完全免费、功能强大、社区支持良好等优点，成为当前最流行的开源 XSL-FO 处理器。但 Apache FOP 并非完美，它也存在某些高级功能（如复杂表格处理、分页）可能不如商业处理器完善的缺点。

在开发一个自动化的从 XML 源数据到 PDF 文档的转换流程时，需要开发者分别安装用于将 XML 源文档转换为 XSL-FO 文档的 XSLT 处理器、用于将 XSL-FO 文档转换为 PDF 文档的 XSL-FO 处理器。环境准备好后，就可以通过简单的 Bash 脚本指令来帮助开发者实现整个流程的自动化，从而高效地将 XML 文档转换为 PDF 文档。

Apache FOP 作为一个开源的 XSL-FO 处理器，能够将 XML 文档通过 XSLT 处理器转换为 XSL-FO 文档，再进一步渲染为 PDF 文档。因此，安装了 Apache FOP 后，就相当于同时安装好了 XSLT 处理器和 XSL-FO 处理器。

以下是一个完整的示例，展示使用 Bash 脚本调用 Apache FOP 中的 XSLT 处理器和 XSL-FO 处理器来生成 PDF 文件的通用步骤。

步骤 1：准备 XML 数据源。例如，将例程 6-8 作为生成 PDF 文档的 XML 数据源。

例程 6-8：

```xml
<?xml version="1.0" encoding="UTF-8"?>
<document>
  <title>示例文档</title>
  <paragraph>这是一个示例段落。</paragraph>
</document>
```

步骤 2：编写 XSLT 样式表。在例程 6-9 所示的 XSLT 样式表中，定义转换模板的“xsl:template”内的 XSL-FO 代码，XPath 路径表达式配合 XSLT 数据选取指令将 XML 源数据中感兴趣的数据取出并对其应用 XSL-FO 代码。

例程 6-9：

```xml
<?xml version="1.0" encoding="UTF-8"?>
<xsl:stylesheet version="1.0" xmlns:xsl="http://www.w3.org/1999/XSL/Transform" xmlns:fo="
http://www.w3.org/1999/XSL/Format">
    <xsl:template match="/">
      <fo:root>
        <fo:layout-master-set>
          <fo:simple-page-master master-name="A4">
            <fo:region-body margin="1in" />
          </fo:simple-page-master>
        </fo:layout-master-set>
        <fo:page-sequence master-reference="A4">
          <fo:flow flow-name="xsl-region-body">
            <fo:block font-size="16pt" font-weight="bold">
```

```
                <xsl:value-of select="/document/title" />
            </fo:block>
            <fo:block font-size="12pt">
                <xsl:value-of select="/document/paragraph" />
            </fo:block>
        </fo:flow>
    </fo:page-sequence>
  </fo:root>
</xsl:template>
</xsl:stylesheet>
```

步骤 3：基于 XSLT 转换器，使用“xsltproc”命令将 XML 源数据转换为 XSL-FO 数据。使用的 Bash 脚本命令可以是：

```
xsltproc -o output.fo stylesheet.xsl input.xml
```

在“xsltproc”命令中，“-o output.fo”指定输出的 XSL-FO 文件为“output.fo”，使用的 XSLT 样式表文件是“stylesheet.xsl”，输入的 XML 源文档是“input.xml”。

步骤 4：基于 XSL-FO 处理器，使用“fop”命令将生成的 XSL-FO 文件传递给 XSL-FO 处理器，生成 PDF 文件。使用的 Bash 脚本命令是：

```
fop -fo output.fo -pdf output.pdf
```

在“fop”命令中，“-fo output.fo”指定输入的 XSL-FO 文件为“output.fo”，“-pdf output.pdf”指定了输出的 PDF 文件是“output.pdf”。

在进行 XSL-FO 转换时，需要注意的事项有：

①XSL-FO 处理器的兼容性。不同的 XSL-FO 处理器对 XSL-FO 规范的支持程度可能不同。某些高级功能可能在某些处理器中不可用。在选择处理器时，建议根据需求选择合适的处理器。

②性能问题。对于大型文档或复杂排版，生成 PDF 的过程可能会比较耗时。可以考虑优化 XSLT 样式表或使用更强大的处理器。

③国际化支持。如果需要支持多种语言（如中文、日文等），需要确保处理器支持相应的字符集和排版规则。

第 7 章

可缩放矢量图形语言

7.1
SVG 语言概述

可缩放矢量图形（scalable vector graphics，SVG）是一种专门为网络传输而设计的、基于 XML 的文本式二维矢量图形描述语言，由万维网联盟（W3C）制定和维护。SVG 技术的起源可以追溯到 1999 年，当时 W3C 发布了 SVG 1.0 规范，定义了 SVG 的特征、语法和显示效果，标志着 SVG 作为一种图形标准正式诞生。2001 年发布的 SVG 1.1 规范是在 SVG 1.0 的基础上增加了更多功能和性能，2011 年发布的 SVG 1.2 规范中则引入了 3D 图形、更丰富的动画效果和性能优化。

SVG 作为一种专为网络传播制定的矢量图形，有着很突出的特点：

①无损缩放：SVG 通过数学公式进行定义，由路径、点和线等数学对象组成，从而支持无损缩放并在任意分辨率下都能保持清晰和高质量的显示。

②支持动画和交互：SVG 支持同步多媒体合成语言（synchronized multimedia integration language，SMIL）动画，并且可以与 JavaScript 语言结合实现复杂的交互效果。

③支持矢量滤镜功能：SVG 不仅支持基本的图形绘制，还提供了强大的矢量滤镜功能，用于创建复杂的视觉效果。

④易于编辑和维护：SVG 文件作为一种纯文本格式，可以使用任何文本编辑器进行编辑，便于修改和定制。

⑤独立于平台：因为 SVG 是纯文本格式，因此不受操作平台的限制，可以跨平台作业，并可以很好地解决外部输出、色彩模式、网络带宽等一系列问题。

⑥文件体积小：SVG 文件通常比同等质量的位图文件更小，便于网络传输和存储。

⑦兼容性好：SVG 是 W3C 标准，现代浏览器几乎都支持 SVG 格式。特别是 2011 年 HTML5 发布后，SVG 在网页设计中的应用更加广泛。

SVG 技术凭借其无损缩放、文件体积小、支持动画和交互等优点，已经成为 Web 开发和图形设计中的重要技术，广泛应用于网页设计、图形绘制、动画制作以及数据可视化等领域。

①图标和标志：SVG 适用于网站和应用程序中的图标、按钮和品牌标志等，因其矢量特性，可以在不同分辨率下保持清晰。

②数据可视化：SVG 常用于创建图表、地图和统计图等数据可视化内容，支持动态交互和响应式设计。

③动画和交互设计：SVG 支持简单的动画效果（如<animate>）和复杂的交互功能（通过

JavaScript），适用于加载动画、按钮点击效果等。

下面我们展示一个 SVG 文档（SVG 数据如例程 7-1 所示，保存为“svg 矩形-1.svg”），在 Web 浏览器中绘制出图 7-1 所示的矢量图——一个填充了蓝色的矩形。在这个示例中，首先将 SVG 数据保存为后缀名为“.svg”的 SVG 文档，然后通过 Web 浏览器直接打开此 SVG 文档，SVG 处理器就会根据 SVG 文档中的描述绘制填充出矢量图。

例程 7-1：

```
<?xml version="1.0" standalone="no"?>
<!DOCTYPE svg PUBLIC "-//W3C//DTD SVG 1.1//EN" "http://www.w3.org/Graphics/SVG/1.1/DTD/svg11.dtd">
<svg width="100%" height="100%" version="1.1" xmlns="http://www.w3.org/2000/svg">
    <rect width="300" height="100"="fill:rgb（0，0，255）;stroke-width:1;:rgb（0，0，0）"/>
</svg>
```

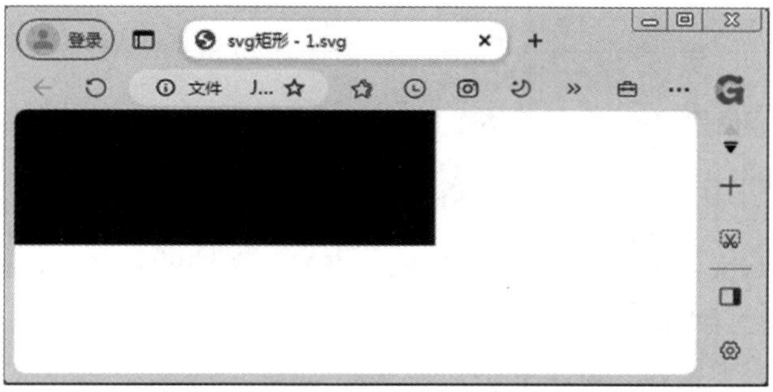

图 7–1　在 Web 浏览器中基于 SVG 文档的图形显示

在工程实践中，往往会将 SVG 图形嵌入 HTML 页面中。根据实现的技术路线不同，可以分为两大类:通过 HTML 标签将 SVG 文档嵌入 HTML 页面和将 SVG 代码直接嵌入 HTML 页面。

对于重复使用的图标库或绘制复杂图形这类应用场景,用户可以先将每个图形的 SVG 数据单独保存为 SVG 文件。然后在 HTML 页面中通过使用“<img>”标签、“<object>”标签或“<iframe>”标签对这些单独的 SVG 文件进行引用。

“<img>”标签引用 SVG 文件的基本语法是：

```
<img src="SVG 文件的路径" alt="图形的文本描述">
```

其中，“alt”属性为可选属性；“src”属性是必需的，用于指明 SVG 文件。例程 7-2 使用“<img>”标签将例程 7-1 的“svg 矩形-1.svg”在 HTML 页面引用，并在 Chrome 浏览器得到图 7-2 所示的显示结果。

例程 7-2：

```
<html>
```

```
  <head></head>
  <body>
      这是一个"单独引用 SVG 图形"示例。
    <img src="svg 矩形-1.svg" alt="蓝色的矩形"/>
  </body>
</html>
```

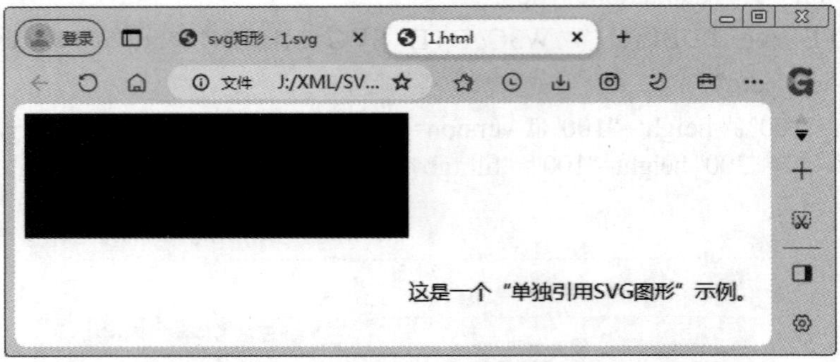

图 7–2　使用“<img>”标签在 HTML 页面中引用 SVG 文件的图形显示

“<object>”标签引用 SVG 文件的基本语法是：

```
<object type="image/svg+xml" data="SVG 文档的路径" width="画布宽度"
  height="画布高度"></object>
```

其中，“type”属性指定资源的 MIME 类型，其值应固定为“image/svg+xml”；“data”属性指定 SVG 文件的路径。

例程 7-3 使用“<object>”标签将例程 7-1 的“svg 矩形-1.svg”在 HTML 页面引用，并在 Chrome 浏览器得到图 7-3 所示的显示结果。

例程 7-3：

```
<html>
  <head></head>
  <body>
      这是一个"单独引用 SVG 图形"示例。
    <object width="100%" id="object" data="svg 矩形 - 1.svg" type="image/svg+xml"></object>
  </body>
</html>
```

“<iframe>”标签引用 SVG 文件的基本语法是：

```
<iframe src="SVG 文件的路径" width="画布宽度" height="画布高度">
```

在 HTML 页面中直接嵌入 SVG 代码，SVG 代码可以放置在“<body>”标签中或其他合适的位置。这种方式使得 SVG 图像与 HTML 内容混合在一起，可以直接在 HTML 页面中编辑和调整 SVG 图像。如例程 7-4 所示，将绘制矩形的 SVG 代码写入 HTML 代码中。同样，在 Chrome 浏览器中也可以得到期望的绘制结果，如图 7-4 所示的显示结果。

图 7–3　使用“<object>”标签在 HTML 页面中引用 SVG 文件的图形显示

例程 7-4：

```
<html>
  <head></head>
  <body>
  直接将 SVG 代码写入 HTML。
    <svg   id="mysvg"   xmlns="http://www.w3.org/2000/svg"   viewBox="0 0 800 600"
           preserveAspectRatio="xMidYMid meet" >
      <rect width="300" height="100"="fill:rgb（0，0，255）;stroke-width:1;:rgb（0，0，0）"/>
    <svg>
  </body>
</html>
```

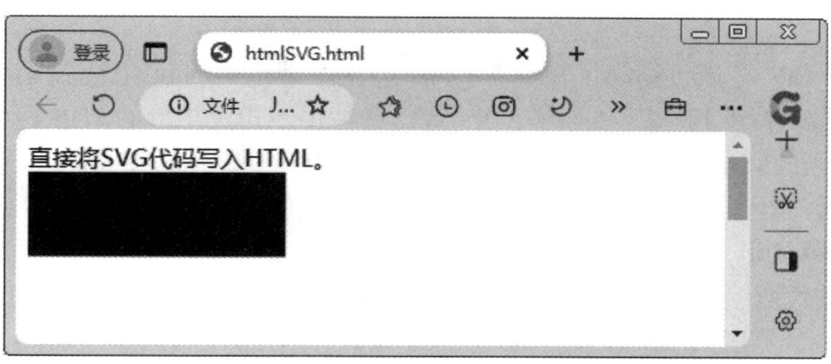

图 7–4　直接将 SVG 代码写入 HTML 的图形显示

7.2 SVG 图形的绘制

SVG 图形的绘制基于 SVG 元素。通过前述的 SVG 例程，可以看出 SVG 的基本结构如下：

```
<svg xmlns="http://www.w3.org/2000/svg"  width="画布宽度" height="画布高度">
        <!-- SVG 图形元素 -->
    </svg>
```

其中，“xmlns”属性定义了 SVG 的命名空间，是 SVG 文档的必需属性。“width”和“height”属性定义了 SVG 画布的大小。

SVG 元素可以通过 HTML 直接嵌入网页中，也可以通过 CSS 或 JavaScript 进行动态操作。SVG 提供了多种基本图形元素，包括矩形、圆形、椭圆、直线、多边形等。这些图形元素可以通过简单的标签和属性进行绘制。

（1）矩形

矩形是 SVG 中基本的图形之一，可以通过“rect”元素绘制，并可以通过设置属性来控制矩形的位置、大小、圆角等样式。“rect”元素的基本语法是：

```
<rect
  x="x-coordinate"               <!-- 矩形左上角的 x 坐标 -->
  y="y-coordinate"               <!-- 矩形左上角的 y 坐标 -->
  width="width-value"            <!-- 矩形的宽度 -->
  height="height-value"          <!-- 矩形的高度 -->
  rx="rx-value"                  <!-- 矩形的圆角半径（水平方向）-->
  ry="ry-value"                  <!-- 矩形的圆角半径（垂直方向）-->
  fill="fill-color"              <!-- 矩形的填充颜色 -->
  stroke="stroke-color"          <!-- 矩形的描边颜色 -->
  stroke-width="width-value"     <!-- 矩形的描边宽度 -->
/>
```

其中，“x”和“y”属性指定了矩形左上角的坐标，即矩形的起始点。“width”和“height”属性定义了矩形的宽度和高度。“rx”和“ry”属性用于指定矩形的圆角半径，如果只设置“rx”，则所有角的圆角半径都相同；如果同时设置“rx”和“ry”，则可以分别指定水平和垂直方向的圆角半径。“fill”属性定义了矩形的填充颜色。“stroke”属性定义了矩形的描边颜色。“stroke-width”属性定义了矩形的描边宽度。

例程 7-5 的代码绘制了一个红色填充、黑色描边、描边宽度为 2 像素的矩形，左上角坐标为（30，30），宽度为 100 像素，高度为 60 像素，圆角大小为 10 像素。

例程 7-5：

```
<svg  xmlns="http://www.w3.org/2000/svg"  width="200" height="200">
    <rect x="30" y="30" width="100" height="60" rx="10" ry="10" fill="red" stroke="black"
```

```
stroke-width="2"/>
    <svg>
```

（2）圆形

圆形可以通过“circle”元素绘制，并可以通过设置属性来控制圆形的位置、大小和样式。如例程 7-6 所示。“circle”元素的基本语法是：

```
<circle
  cx="x-coordinate"       <!-- 圆心的 x 坐标 -->
  cy="y-coordinate"       <!-- 圆心的 y 坐标 -->
  r="radius"              <!-- 圆的半径 -->
  fill="fill-color"       <!-- 圆的填充颜色 -->
  stroke="stroke-color"   <!-- 圆的描边颜色 -->
  stroke-width="width"    <!-- 圆的描边宽度 -->
/>
```

其中，“cx”和“cy”属性定义了圆心的坐标，即圆的中心点的位置。“r”属性定义了圆的半径，以确定圆的大小。“fill”属性定义了圆的填充颜色。“stroke”属性定义了圆的描边颜色。“stroke-width”属性定义了圆的描边宽度。

例程 7-6 绘制了一个红色填充、黑色描边、描边宽度为 2 像素的圆形，圆心坐标为（100，100），半径为 40 像素。

例程 7-6：

```
<svg  xmlns="http://www.w3.org/2000/svg"  width="200" height="200">
    <circle cx="100" cy="100" r="40" fill="red" stroke="black" stroke-width="2"/>
 <svg>
```

（3）椭圆

椭圆可以通过“ellipse”元素绘制，是 SVG 中常用的基本形状之一。“ellipse”元素的基本语法是：

```
<ellipse
  cx="x-coordinate"        <!-- 椭圆中心点的 x 坐标 -->
  cy="y-coordinate"        <!-- 椭圆中心点的 y 坐标 -->
  rx="x-radius"            <!-- 椭圆水平轴的半径 -->
  ry="y-radius"            <!-- 椭圆垂直轴的半径 -->
  fill="fill-color"        <!-- 椭圆的填充颜色 -->
  stroke="stroke-color"    <!-- 椭圆的描边颜色 -->
  stroke-width="width"     <!-- 椭圆的描边宽度 -->
/>
```

其中，“cx”和“cy”属性定义了椭圆的中心点坐标，即椭圆的中心位置。“rx”属性定义了椭圆水平轴（x 轴）的半径。“ry”属性定义了椭圆垂直轴（y 轴）的半径。“fill”属性定义了椭圆的填充颜色。“stroke”属性定义了椭圆的描边颜色。“stroke-width”属性定义了椭圆的描边宽度。

例程 7-7 绘制了一个红色的椭圆，中心坐标为（100，100），x 轴半径为 80 像素，y 轴半径为 50 像素。

例程 7-7：

```
<svg   xmlns="http://www.w3.org/2000/svg"   width="200" height="200">
     <ellipse cx="100" cy="100" rx="80" ry="50" fill="red"/>
<svg>
```

（4）直线

直线可以通过“line”元素绘制，可以通过设置属性来控制直线的位置、长度和样式。“line”元素的基本语法是：

```
<line
  x1="x1-coordinate"          <!-- 起点的 x 坐标 -->
  y1="y1-coordinate"          <!-- 起点的 y 坐标 -->
  x2="x2-coordinate"          <!-- 终点的 x 坐标 -->
  y2="y2-coordinate"          <!-- 终点的 y 坐标 -->
  stroke="stroke-color"       <!-- 直线的颜色 -->
  stroke-width="width"        <!-- 直线的宽度 -->
/>
```

其中，“x1”属性在 x 轴定义线条的开始，“y1”属性在 y 轴定义线条的开始，“x2”属性在 x 轴定义线条的结束，“y2”属性在 y 轴定义线条的结束，“stroke”属性定义了直线的颜色，“stroke-width”属性定义了直线的宽度。

例程 7-8 绘制了一条黑色的线条，起点坐标为（30，30），终点坐标为（170，170），宽度为 2 像素。

例程 7-8：

```
<svg   xmlns="http://www.w3.org/2000/svg"   width="200" height="200">
     <line x1="30" y1="30" x2="170" y2="170" stroke="black" stroke-width="2"/>
<svg>
```

（5）多边形

通过“polygon”元素可以创建闭合的多边形，并可以通过设置属性来控制多边形的顶点坐标、填充颜色、边框颜色等。“polygon”元素的基本语法是：

```
<polygon
  points="x1，y1 x2，y2 x3，y3 …"      <!-- 多边形各个顶点的坐标 -->
  fill="fill-color"                    <!-- 多边形的填充颜色 -->
  stroke="stroke-color"                <!-- 多边形的边框颜色 -->
  stroke-width="width"                 <!-- 多边形的边框宽度 -->
/>
```

其中，“points”属性定义了多边形各个顶点的坐标，多个顶点的坐标以空格或逗号分隔，并且每对坐标使用逗号分隔。“fill”属性定义了多边形的填充颜色。“stroke”属性定义了多边形的边框颜色。“stroke-width”属性定义了多边形的边框宽度。

例程 7-9 绘制了一个红色填充、黑色描边、描边宽度为 4 像素的多边形，其顶点坐标分别为（100，10）、（150，190）和（50，190），形成一个闭合的三角形。

例程 7-9：

```
<svg  xmlns="http://www.w3.org/2000/svg"  width="200" height="200">
    <polygon points="100,10 150,190 50,190" fill="red" stroke="black" stroke-width="4"/>
<svg>
```

“polygon”元素中的“points”属性中，定义多边形的顶点顺序在绘制图形时非常重要，因为每条边线是用紧邻的顶点绘制且具有方向性的路径。例如，基于例程 7-10 代码中的顶点序列可绘制图 7-5 所示的一个淡黄绿色填充、紫色描边、宽度为 5 像素的五角星。如果改变“points”属性值中顶点的顺序为“points="100，10 190，78 160，198 40，198 10，78" ”，就绘制出图 7-6 中的五边形。

例程 7-10：

```
<svg  xmlns="http://www.w3.org/2000/svg"  width="200" height="200">
    <polygon points="100， 10 40， 198 190， 78 10， 78 160， 198" style="fill:lime;stroke:
purple;stroke-width:5;fill-rule:nonzero;"/>
<svg>
```

图 7–5　例程 7–10 的代码绘制的多边形

图 7–6　改变例程 7–10 中顶点顺序绘制的多边形

在例程 7-10 中，图形的样式控制通过在 SVG 元素中直接使用“style”属性来实现。“style”属性的语法类似于 CSS 规则，格式为：

style="property1:value1; property2:value2; …"

其中，“property”是 CSS 属性名，“value”是对应的 CSS 属性值。表 7-1 是一些常用的图形绘制与文本的 SVG 样式属性。

表 7-1　常用的 SVG 样式属性

属性	说明
fill	设置图形的填充颜色
fill-opacity	设置填充颜色的透明度（范围为 0 到 1）
fill-rule	设置如何填充一个复杂路径的图形
opacity	设置图形的整体透明度
stroke	设置图形的描边颜色
stroke-width	设置图形的描边宽度
stroke-dasharray	设置描边的虚线样式。如“stroke-dasharray: "5，10"” 定义了“5 像素实线，10 像素空白”
stroke-linecap	设置描边端点的样式，取值可以是 butt、round、square、inherit（从父元素继承 stroke-linecap 的值）
stroke-linejoin	设置描边连接点的样式，取值可以是 miter、round、bevel、arcs、miter-clip（在 SVG2 中引入的新值。与 miter 类似，但如果尖角过长，则会截断，而不是回退到 bevel）
font-size	设置字体大小（用于“text”元素）
font-family	设置字体族
text-anchor	设置文本对齐方式（start、middle、end）
dominant-baseline	设置文本的基线对齐方式（middle、text-before-edge 等）

SVG 在进行图形颜色填充时，对于一个简单的无交叉的路径，哪块区域是“内部”是很直观清晰的，但当路径的线条交叉或重叠时，“内部”的理解就不那么明确了。因此，SVG 使用“fill-rule”属性来指定使用哪一种算法去判断画布上的某区域是否属于该图形“内部”并被填充。也就是说，“fill-rule”属性值决定了哪些部分被认为是“内部”，哪些部分被认为是“外部”而不被填充。“fill-rule”属性提供了两个可选的属性值：nonzero（默认值）和 evenodd。

“nonzero”属性值使用非零环绕规则来确定填充区域。其工作原理是：要判断一个点是否在图形内，从该点作任意方向的一条射线，然后从 0 开始计数，图形路径从左向右穿过射线则计数加 1，从右向左穿过射线则计数减 1；如果最终计数不为零，则该点被认为是路径的“内部”，反之则为“外部”。图 7-7 展示了三种图形基于“nonzero”属性值的内部填充结果。

“evenodd”属性值使用奇偶规则来确定填充区域。其工作原理是：要判断一个点是否在图形内，从该点作任意方向的一条射线，然后统计射线与图形路径的交点的数量；如果交点数量为奇数，则该点被认为是图形的“内部”，反之则为图形的“外部”。如果使用“evenodd”属性值去填充图 7-7 中的三种图形，则会得到图 7-8 所示的填充结果。

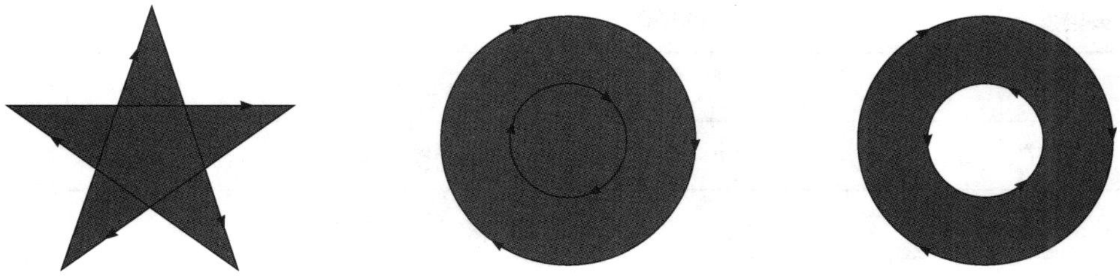

图 7–7　基于“nonzero”属性值的内部填充结果

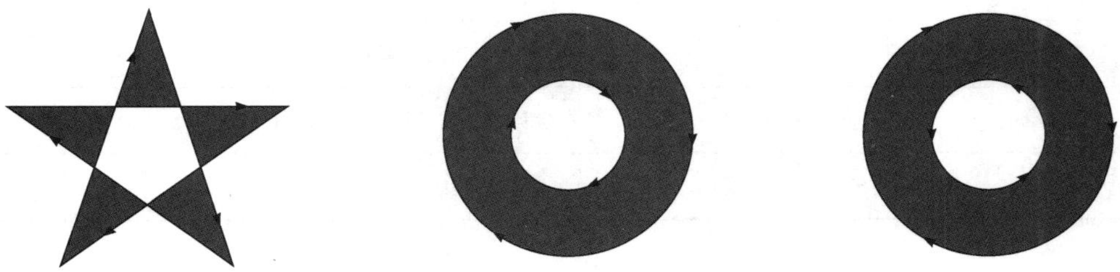

图 7–8　基于“evenodd”属性值的内部填充结果

根据填充原理及填充效果来看，“nonzero”属性值适用于大多数复杂的路径，尤其是需要精确控制填充区域的场景。“evenodd”属性值则适用于需要“挖空”或“镂空”效果的路径，比如一个带有“洞”的形状。

（6）路径绘制

路径是 SVG 中最强大的图形元素，可以使用“path”元素绘制直线、曲线、弧线等复杂的图形。“path”元素通过设置路径命令来控制路径的形状和样式，其基本语法是：

```
<path
  d="path-data"                  <!-- 定义路径的路径数据 -->
  fill="fill-color"              <!-- 路径的填充颜色 -->
  stroke="stroke-color"          <!-- 路径的描边颜色 -->
  stroke-width="width"           <!-- 路径的描边宽度 -->
/>
```

其中，“fill”属性定义了路径的填充颜色，“stroke”属性定义了路径的描边颜色，“stroke-width”属性定义了路径的描边宽度，“d”属性则定义了路径的路径数据，即路径命令序列。路径数据由一系列的路径命令组成，每个路径命令以字母开头，后面跟随一组数字参数。常用的路径命令见表 7-2。

表 7-2　SVG 常用的路径命令

路径命令	说明
M/m	移动到指定坐标
L/l	绘制直线到指定坐标

续表

路径命令	说明
H/h	绘制水平线到指定坐标
V/v	绘制垂直线到指定坐标
C/c	绘制三次贝塞尔曲线
S/s	绘制平滑的三次贝塞尔曲线
Q/q	绘制二次贝塞尔曲线
T/t	绘制平滑的二次贝塞尔曲线
A/a	绘制椭圆弧
Z/z	闭合路径

在 SVG 中，路径命令分为绝对命令（大写字母）和相对命令（小写字母），它们的主要区别在于如何指定坐标点。

绝对命令指定的坐标是相对于 SVG 画布的原点（通常是左上角）的固定位置。例如在“d= "M 100，100 L 200，200 "”这个路径命令序列中，“M 100，100”是将路径的起点移动到画布上的（100，100）位置，是从当前点（100，100）画一条直线到（200，200）。显然，绝对命令每次指定的坐标值是完整的坐标点，不受之前路径的影响，适合定义固定位置的图形，因为坐标是绝对的，不会因路径的移动而改变。例程 7-11 中的路径命令序列中使用的是绝对命令，绘制了一个填充紫色的三角形（如图 7-9 所示）。

例程 7-11：

```
<svg   xmlns="http://www.w3.org/2000/svg"   width="200" height="200">
     <path d="M 30，100 L 100，100 L 65，50 Z" fill="purple" />
<svg>
```

相对命令指定的坐标是相对于当前路径的最后一个点的偏移量。例如在“d= "m 100，100 l 100，200 "”这个路径命令序列中，“m 100，100”将路径的起点移动到（100，100），与绝对命令效果相同；“l 100，200”则表示从当前点（100，100）向右偏移 100 个单位，向下偏移 200 个单位，画一条直线到坐标（200，300）处。由于相对命令每次指定的坐标值是相对于当前点的增量，可以基于当前位置实现局部调整，因此非常适合绘制连续的形状。

图 7-9　例程 7-11 中的路径命令序列绘制的图形

贝塞尔曲线是路径中常用的曲线类型，二次贝塞尔曲线（Q/q）需要一个控制点和一个终点。三次贝塞尔曲线（C/c）需要两个控制点和一个终点。例程 7-12 是将 SVG 代码直接写入 HTML 页面中，创建了一个二次贝塞尔曲线，A 和 C 分别是起点和终点，B 是控制点。其中，代码中的“g”元素是一个非常重要的容器元素，用于将多个 SVG 图形元素组合在一起。它本身不会直接绘制任何图形，但可以通过对它应用样式或变换，间接影响其内部的所有子元素。因此，例程 7-12 最终绘制了图 7-10 中所示的图形。

例程 7-12：

```
<html>
<body>
  <svg xmlns="http://www.w3.org/2000/svg" version="1.1" height="400" width="450">
    <path id="lineAB" d="M 100 350 l 150 -300" stroke="black" stroke-width="3" fill="black" stroke-dasharray=" 5，10"  />
    <path id="lineBC" d="M 250 50 l 150 300" stroke="black" stroke-width="3" fill="black"stroke-dasharray=" 5，10" />
    <path d="M 175 200 l 150 0" stroke="green" stroke-width="3" fill="none" />
    <path d="M 100 350 q 150 -300 300 0" stroke="blue" stroke-width="5" fill="none" />
    <!-- Mark relevant points -->
    <g stroke="black" stroke-width="3" fill="black">
      <circle id="pointA" cx="100" cy="350" r="3" />
      <circle id="pointB" cx="250" cy="50" r="3" />
      <circle id="pointC" cx="400" cy="350" r="3" />
    </g>
    <!-- Label the points -->
    <g font-size="30" font="sans-serif" fill="black" stroke="none" text-anchor="middle">
      <text x="100" y="350" dx="-30">A</text>
      <text x="250" y="50" dy="-10">B</text>
      <text x="400" y="350" dx="30">C</text>
    </g>
  </svg>
</body>
</html>
```

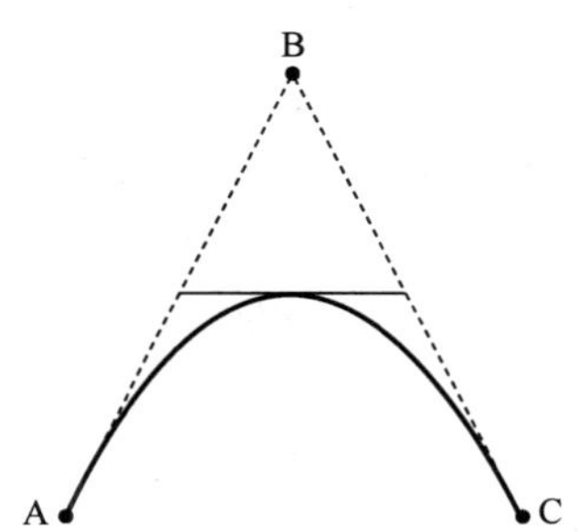

图 7-10　例程 7-12 绘制的图形

7.3 SVG图形的变换

SVG除了绘制图形，还可以通过“transform”属性中的函数来实现对图形的平移、缩放、旋转、倾斜和矩阵变换等操作。

（1）平移

平移变换用于将图形沿着水平（*x*轴）和垂直（*y*轴）方向移动指定的距离。平移变换使用“translate”函数来实现，其基本语法是：

translate（tx，ty）

其中，“tx”指定了水平方向的移动距离（正数向右，负数向左），“ty”指定了垂直方向的移动距离（正数向下，负数向上）。如果省略“ty”，则默认为0。例程7-13的代码实现了将矩形从起始位置分别水平向右移动20个单位和垂直向下移动30个单位的平移，即矩形左上角从坐标（10，10）位置移动到（30，40）处。

例程7-13：

```
<rect x="10" y="10" width="50" height="50" transform="translate（20，30）" />
```

（2）缩放

缩放变换可以用来对图形进行放大或缩小。缩放操作使用“scale”函数来实现，其基本语法是：

scale（sx，sy）

其中，“sx”指定了水平方向的缩放比例（大于1放大，小于1缩小），“sy”指定了垂直方向的缩放比例。如果省略“sy”，则默认与“sx”相同。例程7-14的代码实现了将矩形放大3倍。

例程7-14：

```
<rect x="10" y="10" width="50" height="50" transform="scale（3）" />
```

（3）旋转

旋转变换用于将图形绕指定点旋转指定角度。旋转变换使用“rotate”函数来实现，其基本语法是：

rotate（angle，cx，cy）

其中，“angle”指定了旋转角度（正值顺时针，负值逆时针），“cx”和“cy”指定了旋转中心点的坐标。如果省略“cx”和“cy”，则默认以图形的原点为旋转中心。例程7-15将矩形绕其中心点（35，35）旋转45°，得到图7-11。

例程7-15：

```
<rect x="10" y="10" width="50" height="50" transform="rotate（45，35，35）" />
```

（4）倾斜

倾斜变换用于对图形进行水平或垂直方向的倾斜。倾斜操作使用“skew”函数来实现，其基本语法是：

水平倾斜，沿 x 轴倾斜：

skewX（angle）

垂直倾斜，沿 y 轴倾斜：

skewY（angle）

其中，“angle”指定倾斜的角度。如例程 7-16 所示，实现了将矩形沿 x 轴倾斜 20°，得到图 7-12 所示的变换结果。

例程 7-16：

```
<rect x="10" y="10" width="50" height="50" transform="skewX（20）" />
```

图 7–11　使用“rotate”函数对矩形进行旋转变换

图 7–12　使用“skew”函数对矩形进行倾斜变换

（5）矩阵变换

矩阵变换是最通用的变换方式，可以通过一个 2D 变换矩阵来定义任意变换。矩阵变换使用“matrix”函数来实现，其基本语法是：

matrix（a，b，c，d，e，f）

其中，a、b、c、d、e、f 是矩阵的参数，应用的矩阵变换的公式为：

$$\begin{bmatrix} x' \\ y' \\ 1 \end{bmatrix} = \begin{bmatrix} a & c & e \\ b & d & f \\ 0 & 0 & 1 \end{bmatrix} \begin{bmatrix} x \\ y \\ 1 \end{bmatrix}$$

例程 7-17：

```
<rect x="10" y="10" width="50" height="50" transform="matrix（1，0，0.5，1，50，0）" />
```

例程 7-17 中，根据矩阵的参数，会将矩形在 x 轴方向上倾斜，并向右平移 50 个单位。

SVG 图形变换功能非常强大，允许将多种变换组合在一起，通过在“transform”属性中用空格分隔多个变换命令，并按照从右到左的顺序执行，最终实现复杂的图形变换效果。

例程 7-18：

```
<rect x="10" y="10" width="50" height="50" transform="translate（20，20）scale（1.5）rotate
```

（45）"/>

例如在例程 7-18 中的“transform”属性中顺序地包含平移、缩放和旋转的变换函数。因此，例程 7-18 会先将矩形旋转 45°，然后放大 1.5 倍，最后平移（20，20）。

此外，“transform”属性也可以对“g”元素应用变换，其内部的所有子元素都会受到相同的影响，这可以方便地对一组图形进行统一操作。

7.4 SVG 动画的绘制

SVG 动画绘制是一种通过 SVG 技术实现动态效果的方法，可以通过 CSS、JavaScript 和 SMIL 来实现。

CSS 是实现 SVG 动画的常用方式之一。通过@keyframes 规则定义动画的关键帧，然后将其应用到 SVG 元素上。例如，可以实现元素的移动、旋转或颜色变化。

使用 JavaScript 可以实现更复杂的 SVG 动画逻辑。例如，结合 requestAnimationFrame 方法可以实现动态更新 SVG 属性。在前端开发中，用于构建用户界面的开源 JavaScript 库的 React 可以结合动画库（如 React-Spring）实现平滑的 SVG 动画效果。

同步多媒体集成语言（synchronized multimedia integration language，SMIL）是 SVG 内置的用于描述视听呈现内容的标准语言。自从 1997 年 W3C 开始建立 SMIL 以来，一直把 SMIL 作为一门用于精细编制多媒体呈现内容的语言来发展，以此实时地组合视频、音频、文本以及图形。

通过 SMIL，开发者可以轻松地为 SVG 图形添加动画效果，包括移动、旋转、颜色变化以及沿路径运动等。SMIL 动画在定义动画效果时，使用到的核心属性包括：attributeName（指定要动画化的属性名称）、from（定义动画的起始值）、to（定义动画的结束值，指定属性的新值）、begin（指定动画的延迟时间或触发条件）、dur（指定动画的持续时间）、repeatCount（动画的重复次数，indefinite 表示无限循环）、fill（指定动画结束后元素的状态）等。基于这些动画定义属性，SMIL 动画主要通过 set、animate、animateColor、animateTransform 和 animateMotion 这五个基本元素来实现。

（1）“set”元素

“set”元素用于在特定时间点设置属性值，可以用于实现延迟设置功能，也就是可以在特定时间之后修改某个属性值。“set”元素最大的特点是不会创建连续的动画过渡，而是直接将目标属性设置为指定值。

“set”元素进行动画效果设定时，常用到的属性及其作用见表 7-3。

“attributeName”属性是动画设定时重要的属性之一，因为它的主要作用是告诉动画元素需要对哪个 SVG 属性进行动画化。它可以是任何 SVG 元素的属性，如几何属性（x、y、cx、cy、width、height、r 等）、样式属性（fill、stroke、opacity 等）和变换属性（transform）。

“begin”属性指定动画延迟的时间或触发条件，可以设置的值有：

①具体时间值：如 h、min、s、ms 等，默认单位是“s”。

②偏移值：+/–，指定相对于某个操作的值，如“begin="x.end-1s"”。

③基于另一个动画的值：如某一个动画执行完成后开始执行，如“begin="x.end"”。

④与事件关联的值：如点击时开始执行动画“begin="circle.click"”。

⑤与某个动画执行次数相关的值：比如某个元素执行 2 次后开始执行“begin="x.repeat（2）"”。

⑥与键盘事件相关的值：比如按下某个键开始执行“begin="accessKey（s）"”。

表 7-3　“set”元素的常用属性及其作用

属性名称	作用
attributeName	指定要设置的属性名称
attributeType	指定属性的类型，可选值为 CSS、XML 或 auto（默认值，自动判断属性类型）
to	指定属性的新值
begin	指定动画开始的时间或触发条件
dur	定义动画的持续时间

例程 7-19：

```
<svg height="400" width="400">
    <rect width="90" height="90" fill="yellow" >
        <set attributeName="x" attributeType="XML" to="60" begin="3s" />
    </rect>
</svg>
```

在例程 7-19 中，这里的“attributeName”属性指定了动画化矩形的“x”坐标，“attributeType”属性设置的属性类型是“XML”，“to”属性定义了属性“x”的新值为“60”，“begin”属性设定了动画延迟时间是“3s”。因此。该“set”元素实现了将矩形图形延迟 3s 后，从 x=0 的位置瞬移到 x=60 的位置，且这种瞬移没有过渡动画，不会产生平滑的属性变化效果。

通过“set”元素，开发者可以方便地在 SVG 动画中实现属性的即时设置和延迟触发，尤其适用于需要在特定时间点改变非数字属性的场景。

（2）“animate”元素

“animate”元素允许开发者通过定义关键帧来实现 SVG 元素的属性值在指定时间内的动态变化，从而创建平滑的动画效果。例如，可以改变元素的位置（如 x、y、cx、cy）、大小（如 width、height、r）、颜色（如 fill、stroke）和透明度（如 opacity）等。“animate”元素进行动画效果设定时，常用到的属性及其作用见表 7-4。

表 7-4　“animate”元素的常用属性及其作用

属性名称	作用
attributeName	指定要设置的属性名称
attributeType	指定属性的类型 可选值为 CSS、XML 或 auto（默认值，自动判断属性类型）

续表

属性名称	作用
from	指定属性动画的起始
to	指定属性动画结束时的新值
values	定义多个值，用于创建更复杂的动画路径
dur	定义动画的持续时间
repeatCount	定义动画的重复次数 可选值为整数（如 3）或 indefinite（无限循环）
calcMode	指定动画的插值方式 可选值为 linear（线性）、spline（贝塞尔曲线）、paced（基于时间的均匀速度）或 discrete（离散值）
begin	指定动画开始的时间或触发条件
end	指定动画的结束时间或触发条件
fill	指定动画结束后元素的状态 可选值为 freeze（保持动画结束时的状态）或 remove（恢复动画开始前的状态）

例程 7-20 的“animate”元素中，“attributeName”属性指定了动画化矩形的“x”坐标，“from”和“to”属性分别定义了动画的起始位置和结束位置，“begin”属性指定了开始时间是“0s”，“dur”属性指定了动画持续时间为“3s”，“repeatCount”属性值为“indefinite”，表示动画无限循环。因此，该示例实现了将矩形图形从 x=160 的位置平滑地移到 x=60 的位置，动画耗时为 3s，然后，该动画将无限循环下去。

例程 7-20：

```
<svg height="400" width="400">
        <rect width="90" height="90" fill="yellow" >
                <animate   attributeName="x"   from="160"   to="60"   begin="0s"   dur="3s"
repeatCount="indefinite"/>
        </rect>
</svg>
```

如果要实现颜色变化的动画，则可以将“attributeName”属性值指定为“fill”，表示动画化矩形的填充颜色。例程 7-21 就可以实现矩形的填充颜色在 3s 内从黄色渐变为红色的动画效果。

例程 7-21：

```
<svg height="400" width="400">
       <rect width="90" height="90" fill="yellow" >
              <animate attributeName="fill" from="yellow" to="red" begin="0s" dur="3s" />
```

```
    </rect>
</svg>
```

（3）“animateTransform”元素

“animateTransform”元素是 SMIL 动画中用于让元素沿着预定义路径移动的元素。它允许开发者通过指定路径（通过“path”属性实现）或引用已定义的路径（通过“mpath”元素实现）实现复杂的运动效果。“animateTransform”元素常用到的属性及其作用见表 7-5。

表 7-5　“animateTransform”元素的常用属性及其作用

属性名称	作用
attributeName	指定要设置的属性名称
path	定义元素移动的路径，使用 SVG 的路径语法（如 M、L、C 等）
dur	定义动画的持续时间
repeatCount	定义动画的重复次数 可选值为整数（如 3）或 indefinite（无限循环）
begin	指定动画开始的时间或触发条件
fill	动画结束后元素的状态 可选值为 freeze（保持动画结束时的状态）或 remove（恢复动画开始前的状态）
rotate	定义元素在路径上的旋转行为 可选值为 auto（自动旋转以匹配路径方向）或 0（不旋转）
keyPoints	定义路径上的关键点，实现更复杂的运动控制
calcMode	用于定义动画的插值方式，该属性支持 4 个值，分别为：discrete、linear、paced、spline discrete：不连续的运动。就是从一个状态直接跳到另一个状态，如从 from 状态直接跳到 to 状态 linear：线性运动（默认值）。动画从头到尾的速率都是一致的，每个动画阶段的执行时间都是一致的 paced：线性运动。动画从头到尾执行速度都是一样的，如果设置了 paced，则“keyTimes”属性无效 spline：可以自定义执行速度，可以通过“keyTimes”和“keySplines”属性来定义各个动画的执行效果
keyTimes	定义路径上的关键点对应的时间点，实现更复杂的运动控制 keyTimes 用于限定各个阶段的执行时间，是一串 0～1 的浮点数字组，每个数值的有效取值范围为 0～1，代表每一个动画阶段必须在那个时间点执行完成
keySplines	用于定义动画的速度。当“calcMode”的值为 spline 时才有效，对应的值为一组三次贝塞尔曲线的控制点，默认为（0，0，1，1）。“keySplines”可以设置多组，每一组用“;”隔开

例程 7-22 的代码中，“type="rotate"”指定了动画效果为旋转动画，“from”和“to”指明了动画起始和结束时的旋转角度及旋转中心的坐标。“from”和“to”的属性值格式为：“angle cx cy”，其中，“angle”是旋转角度，“cx”和“cy”是旋转中心的坐标。因此，例程 7-22 实现了在 3s 内完成将矩形以（100，100）为旋转中心从 1° 旋转到 90°，且此动画

过程一直循环下去。

例程 7-22：

```
<svg height="400" width="400">
    <rect x="100" y="100"width="90" height="90" fill="yellow" >
        <animateTransform attributeName="transform" begin="0s" dur="3s"
type="rotate" from="1 100 100" to="90 100 100" repeatCount="indefinite"/>
    </rect>
</svg>
```

（4）“animateMotion”元素

“animateMotion”元素在 SVG 中用于定义元素沿路径移动的动画元素，允许开发者通过指定路径或引用已定义的路径来实现复杂的运动效果。“animateMotion”元素常用到的属性及其作用见表 7-6。

表 7-6 “animateMotion”元素的常用属性及其作用

属性名称	作用
path	定义动画的运动路径，语法与“d”元素的语法一样
dur	定义动画的持续时间
repeatCount	定义动画的重复次数 可选值为整数（如 3）或 indefinite（无限循环）
rotate	定义元素在路径上的旋转行为 可选值为：auto（元素自动旋转以匹配路径的方向）、auto-reverse（元素自动旋转并反向）和数字（指定固定旋转角度）
begin	指定动画开始的时间或触发条件
fill	指定动画结束后元素的状态 可选值为 freeze（保持动画结束时的状态）或 remove（恢复动画开始前的状态）
calcMode	指定动画的插值方式 可选值为 linear（线性）、spline（贝塞尔曲线）、paced（基于时间的均匀速度）或 discrete（离散值）
attributeType	指定属性的类型 可选值为 CSS、XML 或 auto（默认值，自动判断属性类型）
keyTimes	定义路径上的关键点对应的时间点，实现更复杂的运动控制
keyPoints	定义路径上的关键点，实现更复杂的运动控制

在例程 7-23 中，首先通过“path”元素绘制了一条路径曲线，然后利用“animateMotion”元素实现了矩形在 20s 内完成沿路径（“path”属性定义的路径）进行移动，且此动画可以无

限循环下去。其中，“path”元素绘制路径曲线并影响矩形沿着路径移动，只是为了让这个路径显示可见而已。另外，在此动画效果中，这个矩形不管运动到哪都是保持水平的，如图 7-13 所示。如果我们要将矩形在沿着路径移动时的同时让矩形照着“path”属性定义的路径的方向旋转（如图 7-14 所示），那么可以在“animateMotion”元素中添加“rotate="auto"”来实现，从而形成例程 7-24 中的代码。

例程 7-23：

```
<svg height="400" width="400">
    <path xmlns="http://www.w3.org/2000/svg" d="M0，0 Q50，60 80，140 T340，100" id="svg_13" stroke-linecap="null" stroke-linejoin="null" stroke-dasharray="null" stroke-width="5" stroke="#000000" fill="none"/>
    <rect width="20" height="20" fill="red" >
        <animateMotion path="M0，0 Q50，60 80，140 T340，100" begin="0s" dur="20s" repeatCount="indefinite"/>
    </rect>
</svg>
```

图 7–13　使用“animateMotion”元素实现沿路径移动的动画效果

例程 7-24：

```
<svg height="400" width="400">
    <path xmlns="http://www.w3.org/2000/svg" d="M0，0 Q50，60 80，140 T340，100" id="svg_13" stroke-linecap="null" stroke-linejoin="null" stroke-dasharray="null" stroke-width="5" stroke="#000000" fill="none"/>
    <rect width="20" height="20" fill="red" >
        <animateMotion path="M0，0 Q50，60 80，140 T340，100" begin="0s" dur="20s" rotate="auto" repeatCount="indefinite"/>
    </rect>
</svg>
```

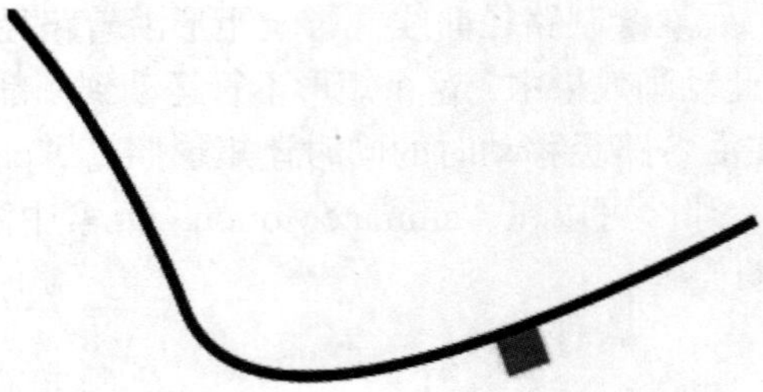

图 7-14 “animateMotion”元素实现自动旋转以匹配路径方向的沿路径移动的动画效果

为实现丰富的动画效果，可以将上述多个样式的动画进行自由组合，实现多样式动画并行运行的效果。在例程 7-25 中，则是通过多个“animate”元素，实现同时设置位置和透明度的动画。该示例最终实现了矩形在 3s 内从 160 单位处横向平移到 60 单位处，与此同时矩形的填充颜色从不透明到全透明消失进行变化，且这一动画过程无限循环下去。

例程 7-25：

```
<svg width="320" height="320" xmlns="http://www.w3.org/2000/svg">
  <rect width="90" height="90" fill="yellow" >
      <animate attributeName="x" from="160" to="60" begin="0s" dur="3s" repeatCount="
indefinite" />
      <animate attributeName="opacity" from="1" to="0" begin="0s" dur="3s" repeatCount="
indefinite" />
  </rect>
</svg>
```

第 8 章

基于 XML 的一体化出版

XML 格式的结构化和标准化特性，可以帮助出版行业更好地应对数字化转型带来的机遇与挑战。结合 AI 能力，XML 技术将在内容快速发布和跨平台传播、为读者提供更加智能化和个性化的阅读体验等方面发挥重要作用，推动出版行业向更加高效、智能和开放的方向发展。

8.1 互联网时代的出版新需求

数字技术颠覆性地冲击着现代出版业的发展进程。在互联网时代，内容的载体、传播手段、传播渠道、内容的展示方式都发生了巨大的变化。出版业面对数字时代的斑斓浪潮应接不暇。传统出版商在选题策划、编辑加工、版式设计、内容呈现、营销渠道构建等方面都必须适应新时代的需要，在工作流程和工作方式上做出改变，不断推动出版行业技术的发展和变革。总的来说，互联网时代的出版呈现出以下 4 点新需求。

（1）信息快速发布的需求

在数字出版环境下，内容的快速更新和发布成了出版系统的核心需求之一。编辑部要在短时间内完成内容的审核、编辑、排版及发布等全过程，快速发布到读者面前。以学术期刊为例，它是承载一个国家科研成果的重要交流平台，高水平的论文在我们国家自有期刊上得以快速发表和传播，体现了我国的学术话语权，是国家软实力的重要体现。

（2）跨平台传播的需求

随着智能手机、平板电脑等设备的普及，读者获取信息的方式变得多样化。出版内容需要支持跨平台传播，适应不同的设备和操作系统上的展示需要，确保信息的广泛传播。

（3）高效检索和获取内容的需求

信息过载是现代出版业中的常见问题。读者和研究人员需要一种高效的方式来检索和获取他们需要的内容。这不仅需要出版平台提供精准的内容分类、关键词标记和元数据支持，还要确保检索引擎的优化和内容的快速加载。

（4）内容存储和数据交换的需求

出版业是一个典型的数据密集型行业，拥有丰富的、高质量的内容资产。对这些内容资产进行科学的分类、管理并以数字化的形式存储，对于出版业的数字化转型和数据资产化具有重要意义。此外，不同的出版平台需要进行数据交换，例如期刊、图书等都需要将内容数字化，收录到不同的学术资源平台上，同时这些平台之间需要共享信息。这就要求数据化的内容不仅要具备高兼容性，还要能在不同系统之间流动，确保信息的无缝连接。

8.2 XML 结合 AI 变革数字出版

随着人工智能技术的迅猛发展，AI 在信息检索、内容生成、智能推荐等方面展现出了巨大的潜力。而采用 XML 格式的出版系统通过结构化的数据存储，为 AI 技术提供了理想的支持，使得出版物的智能化管理和读者体验得到显著提升。以下是几种典型的应用场景。

（1）从内容创建到发布的全程支持

XML 作为数据传输的基础，能够贯穿出版过程的每一个环节，包括内容的创建、编辑、审校、排版、发布、存档和传播。在传统出版系统中，这些环节可能涉及不同的软件工具和格式，发布过程可能需要人工干预和长时间的排版工作，跨平台的同步传播几乎无法实现。而 XML 格式在出版过程中的统一应用，简化了这些操作的过程，避免了数据在流转过程中由于数据格式的频繁转化带来的错误，打破了出版过程中的技术瓶颈，"一次制作、多次发布"的出版及传播策略得以实现。

（2）对增强出版的支持

增强出版强调通过将传统的文献与科学数据、互动功能或其他资源（如多媒体、数据集、代码等）结合，使得文章更加丰富和动态化，帮助读者更好地阅读原文。XML 技术在这一表达方式中具有关键作用：

①数据嵌入与标记：XML 使得文章中的科学数据（如实验数据、统计图表、基因组序列等）可以以结构化的方式进行标记和嵌入。每个数据单元（如图表、公式、代码块）都可以独立地用 XML 标签标记，便于后续的数据提取、呈现和处理。

②链接与交互：XML 支持建立与外部数据源的链接，如数据库、图表、视频或其他补充材料。在增强出版的背景下，在文章中可以通过 XML 标签指向相关的科学数据或模型，实现读者与数据之间的互动。例如，XML 可以在文章中嵌入动态的可视化图表或数据集，读者可以直接在文章内进行数据浏览或交互。

（3）自动化内容校对与修正

AI 可以与 XML 数据结合，通过自然语言处理和机器学习算法，实现自动化内容校对与修正。以学术文献为例，在 XML 格式的数据中，每一部分内容都有明确的结构标识。AI 系统可以分析这些结构化内容，识别出文本中的潜在错误，并进行修正。例如，如果某篇文章的引文格式不统一、标题序号不连续、中英文作者无法对应、摘要字数不符合要求等，AI 都可以自动标记出不一致的部分，并提供修改建议。AI 技术与 XML 数据结合，还可以检查文献中的拼写、语法和格式问题，并给出修改建议，从而显著提升出版的工作效率，确保内容的高质量发布。

（4）自动生成文章摘要

文章摘要生成是 AI 与 XML 技术的结合在出版领域中另一个重要应用场景。基于 XML 数据格式，AI 技术能够对文章的结构化内容进行分析，并根据文章的关键词、核心观点和重要信息自动生成文章摘要。在科研领域，自动化的摘要生成功能可以极大地节省科研人员查阅学术文献的时间，快速筛选相关文献，提升学术研究的效率。

（5）智能推荐系统

在内容智能推荐系统中，根据读者的阅读历史、兴趣和需求，向其推荐相关的文献和文章。AI 技术从 XML 数据中提取每篇文章的主题特征，对比读者的兴趣偏好和历史阅读记录，从大量的出版物中筛选出相关的文章进行推荐。与传统的人工检索相比，智能推荐系统满足了读者个性化阅读的需要，提升了知识获取的效率。

（6）智能问答系统

智能问答系统是近年来 AI 技术与 XML 技术结合的一个热点领域。AI 系统可以通过分析 XML 数据中的标签化内容，提取有用信息，同时识别出用户提出的问题与文中相关信息之间的联系，为读者提供精准的答案。而传统搜索引擎（如 Google、Bing、百度等），是通过关键字匹配来检索相关的网页或文档列表。它将搜索结果呈现为一系列链接，用户可以根据需要从中找到合适的答案。

8.3
XML 出版技术

XML 出版技术是现代出版业的核心，涵盖文档处理、智能排版、数据交换、出版安全及创新技术融合等关键领域。目前，XML 技术围绕数字出版已经形成了完整的技术系统，如图 8-1 所示。

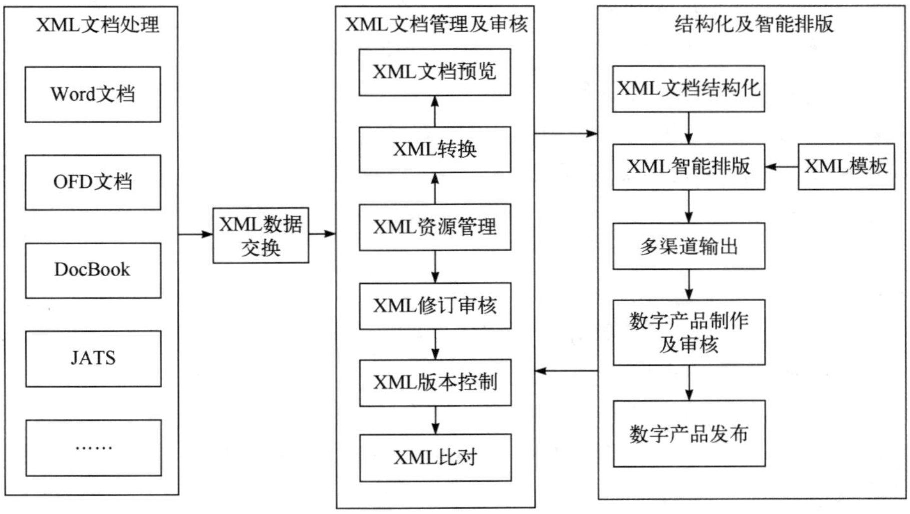

图 8-1　XML 出版技术全景图

在文档处理方面，流式文档格式基于 XML 技术，适用于日常办公和内容创作，其优势在于灵活编辑和高效的内容管理；版式文档格式基于 XML 技术，适用于电子公文、电子证照等对版式固定性要求较高且需要在不同设备上呈现一致效果的场景。在智能排版领域，XML 的结构化特性通过与样式表和智能化技术的结合，能够实现智能排版。同时 XML 与大数据、大语言模型、多模态技术的融合，能够推动数字出版向智能化、个性化和沉浸化方向发展。数据交换方面，XML 凭借自描述性和标准化语法，结合相关技术，在数据交换中具备跨平台兼容性，可验证数据合法性与一致性，支持灵活的数据转换和强大的查询功能，确保数据在不同系统和平台间可靠传输与共享。在出版安全技术方面，XML 技术在内容校对和修订痕迹记录等方面的功能，能够保障出版安全。

8.4 XML 与文档处理技术

8.4.1 基于 OOXML 的流式文档处理技术

流式文档格式适用于日常办公和内容创作文档的创建与编辑，具有内容编辑高效和操作简单的优点。例如，Office Open XML（OOXML）就是一种流式文档格式，它为现代办公文档处理提供了一种基于 XML 的开放格式，并且在 2008 年被国际标准化组织（ISO）批准为国际标准。OOXML 的设计初衷在于提供一种能够全面描述办公文档的结构、内容和格式的标准化格式，以增强文档的可移植性和可扩展性。Microsoft Office 套件（如 Word、Excel、PowerPoint）和 WPS Office（如 WPS 文字、WPS 表格、WPS 演示）都依据 OOXML 标准进行文档处理。

OOXML 的核心结构基于 XML，分为多个层次，如内容层、样式层、关系层等。这一结构使得文档的各个元素，如文本、字体、段落、图片和表格等，可以被清晰地分离和描述。从技术上讲，每个 OOXML 文档实际上是一个压缩包（通常采用“.zip”后缀），其中包含若干个“.xml”文件和其他可能的相关资源。这种将文档分解为多个文件的方式，不仅提高了效率，更便于大型文档的修改和管理。

具体地说，“.docx”文件在被解压缩后可以看到一系列目录和文件，其中核心组件包括：

①word 目录：包含存放主要内容的文件，如“document.xml”，该文件包含了文档的主体内容。同时，还有用于定义文档样式的“styles.xml”和存储与文档相关的数据信息的“settings.xml”等。

②_rels 目录：该目录包含关系文件（如“.rels”文件），用于描述文档各元素之间的链接关系，是 OOXML 结构的核心部分，能够帮助维持文档内容的完整性。

③docProps 目录：包含存储文档属性的文件，例如“core.xml”和“app.xml”，这些文件包含关于文档的描述性信息，如作者、标题、创建日期等元数据。

④“[Content_Types].xml”文件：位于根目录，用于定义整个压缩包内的文件类型，以便于应用程序正确识别和处理不同的组件。

这种模块化的设计不仅使得文档的各个组成部分都可以被独立访问和修改，还提高了文档处理的灵活性和可操作性，为开发者创造了一个结构化的操作环境。此外，OOXML 还具备强大的可扩展性。开发者可以在 OOXML 的基础上添加自定义的扩展，以满足特定的业务需求或集成第三方应用。

OOXML 采用了结构化的文档模型，通过 XML 标签来定义每个文档单元，如文本段落、表格和图片等。这种模块化的设计简化了程序化操作，使得开发者可以根据所使用的编程语言和应用场景选择合适的 SDK（软件开发包）和开源库进行处理。以下是几种常见的 OOXML 处理方法：

①利用 Open XML SDK 进行文档操作。微软提供的 Open XML SDK 是常用的编程接口，支持跨平台调用，通过 Open XML SDK 接口可对 Word、Excel 和 PowerPoint 等文档的 XML 文档进行创建、读取、修改和存储操作。Open XML SDK 支持文档的细粒度操作，比如文本替换和插入、表格和图的动态更新、样式的应用和调整等。不仅如此，它还提供了验证功能，帮助开发者确保文档结构的正确性。

②通过 VBA 和宏实现自动化文档管理。VBA 是 Microsoft Office 应用程序中的一种编程语言，广泛用于宏的编写和自动化任务。通过 VBA，用户可以创建宏来执行复杂的文档操作，如批量替换文本、自动化格式调整和数据导入导出等。这种方法特别适合在 Word 中实现自动化任务的场景，且不要求安装额外的软件环境。同时，VBA 提供了集成开发环境（IDE），便于编写和调试宏。

③使用 VSTO 创建自定义 Office 解决方案。VSTO 是.NET Framework 的扩展，允许开发者使用 C#或 VB.NET 开发 Office 应用程序的自定义解决方案。VSTO 提供了一套广泛的工具和类库，支持创建功能强大的 Office 附加组件和自动化文档操作。通过 VSTO，开发者可以实现更复杂的集成，如与外部数据源的交互、实时数据更新以及自定义 UI（用户界面）元素。这种方法尤为适合需要集成现代开发平台和工具链的企业级应用开发。

OOXML 文档格式的优势在于其高度的兼容性和开放性。作为一种开放文档格式，OOXML 允许不同的软件和平台读取和操作其内容，确保信息和格式的完整性。这种兼容性不仅适用于 Microsoft Office，还扩展到 WPS Office、腾讯在线文档等各类主要文档处理工具，使用户能够在不同软件和系统中顺畅地编辑和共享文档。这种灵活性极大地提升了文档处理的效率和便捷性。

8.4.2　基于 OFD 的版式文档处理技术

版式文档格式确保文档在不同设备上呈现一致效果，适用于电子公文、电子证照等对版式固定性要求较高的场景。例如，我国的开放文档格式 OFD（open fixed-layout document，开放版式文档）就是一种版式文档格式，它基于 XML 技术描述文件数据，由中国电子标准化研究院（CESI）制定，并得到了国家标准化管理委员会的批准。OFD 格式文档作为国家标准，不仅服务于政府和大型企业的信息系统，还逐渐被广泛应用。像 WPS 和福昕这样的软件都支持 OFD 格式文档的浏览，并可以将其另存为 PDF 文件。

OFD 采用二维矢量成像模型，确保文档在不同设备上呈现的效果一致。OFD 格式的设计初衷是满足电子文档交换、存储和阅读的需求，旨在提供一种高效、可移植的电子文档交换与存储方式。OFD 文档本质上是一个压缩包，解压缩后可以查看其内部的文件组织结构。一个典型的 OFD 文档包主要包含以下部分：

①“OFD.xml”文件：OFD 文档的主入口文件，每个 OFD 文档包中仅有一个“OFD.xml”文件，且文件名不可修改。

②“Doc_N”文件夹：包含文档的核心内容和资源索引，如表 8-1 所示。

表 8-1 “Doc_N”文件夹包含的核心内容和资源索引

内容	说明
Document.xml	文档的根节点，定义了文档的基本结构和属性
PublicRes.xml	文档公共资源索引，用于引用公共资源
DocumentRes.xml	文档自身资源索引，用于引用文档内部的资源
Signs 文件夹	用于存储数字签名相关文件，包括签名列表文件（Signatures.xml）、签名/签章描述文件（Signature.xml）等
Pages 文件夹	包含每一页的内容描述和资源文件，每页有独立的 Content.xml（页内容描述）和 PageRes.xml（页资源描述），以及存储资源的 Res 文件夹
CustomTag 文件夹	用于存储自定义标签描述文件（CustomTag.xml）

OFD 文件的这种结构设计，使得文档内容能够被结构化地解释和处理，同时也便于扩展和维护。此外，OFD 格式支持数字签名、权限管理等功能，确保文档的安全性和完整性。

OFD 文件浏览是文档处理技术的基础，用户可通过专用阅读器或支持 OFD 格式的软件实现。这些工具能够解析 OFD 文件结构，准确渲染文本、图像等元素，确保文档在不同设备上呈现一致效果。部分高级阅读器还提供搜索、书签等功能，提升阅读体验。

OFD 转 PDF 的过程包括解析 OFD 结构、提取内容与样式信息，再依 PDF 规范重新组织生成文件。转换时要确保元素准确转译，维持版式一致，尤其对表格、图像等复杂元素，需精准处理其位置、大小和样式，以保证转换后文档的可用性和视觉效果。

解析 OFD 文件需先解压获取内部 XML 文件，再通过 XML 解析器提取文本、图像等元素数据及样式信息。可利用开源库如 OFD Reader & Writer 简化此过程，提高开发效率。提取过程中，要确保正确处理编码转换，避免乱码或数据丢失，从而实现对文档内容的高效利用和信息整合。

文档处理技术主要依赖于对开放标准的持续改进和对多平台兼容性的优化，确保文档在传统的桌面环境、移动设备和云端协作平台等环境下的显示和编辑效果一致，解决跨平台兼容性、安全性等问题。随着人工智能和机器学习技术的不断发展，文档处理技术将向智能化方向转型。

8.5
XML 与智能排版技术

在数字化时代，文档的创建、编辑、排版和发布流程日益复杂，尤其是对于大规模、多模态的文档内容，传统的排版方式面临着效率低下、一致性难以保证等问题。XML 技术的出现为解决这些问题提供了可能。它不仅能够清晰地定义文档的结构和语义，还能通过与样式表的结合，实现多样化的排版效果，并且便于在不同平台和系统之间进行数据交换与共享，极大地提升了文档处理的灵活性和智能化水平。

国内外出版单位已广泛采用 XML 技术进行数字化排版，尤其在学术出版领域形成了成熟的应用体系。国际大型出版商（如 Springer、美国化学学会）自 2000 年起便通过 XML 实现内容与样式的分离，支持一次加工、多元发布，显著提升了出版效率。Springer 出版的文章文件均附带 XML 元数据，便于跨平台应用和数字资产管理。在国内，方正鸿云 XML 数字化生产系统已经覆盖了千余种期刊，成为国内使用较多的 XML 排版服务平台之一。

8.5.1　文档智能结构化技术

通过标签定义数据的层次结构和语义关系的特性使得XML技术天然适配自动排版场景。传统排版工具（如 Word、书版、飞翔）依赖人工操作，而通过以下机制则能实现自动化排版。

（1）内容与样式分离

XML 仅存储文本和语义标签，样式通过 CSS、XSLT 或交互式模板独立定义，便于动态调整排版规则。这种分离使得文档内容可以独立于具体的排版格式，一次创建、多次使用于不同的出版渠道和样式需求，大大提高了文档的可复用性和排版效率。

（2）语义化标签支持

通过自定义标签（如<section>和<figure>），XML 能够为内容赋予明确的语义，帮助排版引擎自动识别并应用预设样式。例如，排版引擎可以根据“<section>”标签自动识别文档的不同章节部分，并为其应用相应的标题样式、段落格式等，无须人工逐一设置，从而实现自动化的排版流程，提高了排版的准确性和一致性。

（3）跨平台兼容性

XML 格式可被多种排版工具解析，确保内容在不同输出介质中的一致性。无论是在桌面出版系统、网页浏览器还是移动设备上，XML 文档都能够被正确解析和呈现，保证了文档在不同平台和介质之间的传输与展示的稳定性，满足了多渠道发布的需求。

其中涉及最重要的技术包括文档结构化技术、智能排版技术。

8.5.2　智能排版技术

基于排版技术的智能化程度，XML 驱动的智能排版技术可以分为：结构化排版技术、自适应排版技术、动态交互式排版技术和多模态排版技术。

8.5.2.1　结构化排版技术

基于 XML 的结构化排版引擎（如 DITA-OT、XSL-FO、方正 XML 排版引擎等）通过规则驱动实现自动化布局。

（1）模板化处理

模板制作工具将 XML 内容映射到预定义的排版模板中，生成符合出版规范的输出。排版模板中定义了各种元素的样式、布局和格式规则，排版引擎根据这些规则将 XML 文档转换为具体的排版格式，如排版文件、PDF 或 HTML 等，确保输出文档符合特定的出版标准和设计要求，实现高效、规范的排版流程。

（2）语义关联

利用 XPath 定位特定元素（如标题、图表），动态调整其位置和样式。通过对 XML 文档中元素的精确路径定位，排版引擎可以针对不同类型的元素进行个性化的排版处理，例如为标题设置不同的字体大小和样式，为图表分配合适的位置和编号，从而实现更加灵活和精细的排版控制，提升文档的视觉效果和可读性。

（3）自动化样式生成

针对不同设备（PC、移动端）生成适配的版式。根据设备的屏幕尺寸、分辨率等特性，自动选择合适的样式规则，为不同的设备生成最佳的显示效果。这样，XML 文档可以在各种设备上以最适宜的方式呈现，满足了移动互联网时代多终端访问的需求，提供了良好的用户体验。

8.5.2.2 自适应排版技术

XML 支持响应式设计，通过以下方式实现动态布局优化。

（1）条件处理指令

在模板中嵌入处理逻辑（如<xsl:if>），根据内容长度或设备类型调整分页策略。例如，当内容长度超过一定阈值时，自动触发分页操作，或者根据设备类型选择不同的分页方式，确保文档在不同设备上都能以合理的页面布局展示，避免内容溢出或空白区域过大等问题，提高了文档的适应性和美观度。

（2）智能分页算法

基于 XML 的层次结构和标签属性，避免标题与正文分离、图表跨页等问题。智能分页算法能够分析 XML 文档的结构，识别出标题、段落、图表等元素之间的逻辑关系，在分页时优先保证这些元素的完整性，将它们尽可能地安排在同一页面或相邻页面，从而提高文档的排版质量和阅读体验，减少因不合理的分页造成的阅读障碍。

8.5.2.3 动态交互式排版技术

XML 与 JavaScript、SVG 等技术结合，可生成交互式数字出版物。

（1）动态内容更新

通过 AJAX 加载 XML 数据，实现实时内容刷新（如在线手册的版本更新）。当文档内容发生变化时，无须用户手动刷新整个页面，AJAX 技术可以异步地从服务器获取更新的 XML 数据，并动态地更新页面中的相应部分，实现内容的实时同步和展示，这对于在线文档、教程等需要频繁更新内容的应用场景具有重要意义，提供了及时、准确的信息获取方式。

（2）交互式图表

SVG 嵌入 XML 文档，支持用户点击缩放或数据筛选。SVG 作为一种矢量图形格式，具有可缩放、高清晰度的特点，将其嵌入 XML 文档后，可以通过 JavaScript 为图表添加交互事件，如点击、悬停等，用户可以通过这些交互操作来查看图表的详细信息或进行数据筛选，增强了文档的互动性和信息呈现的丰富性,使用户能够更加深入地理解和分析文档中的数据。

8.5.2.4 多模态排版技术

XML 支持文本、图像、音频、视频等的集成化排版。

（1）多模态支持

通过 HTML5、JavaScript 等技术实现多媒体元素的播放与交互，使得音频、视频、动画等多媒体内容能够按照预定的时间顺序与文本、图像等静态内容协同展示，实现多模态文档的动态呈现，例如在电子书中同步播放音频讲解和显示相关文本内容，提升文档的表现力和吸引力。

（2）多渠道输出

同一份 XML 源文件可同时生成印刷版 PDF、有声读物和交互式网页等多种形式。XML 的结构化特性使得它能够作为统一的内容源，通过不同的转换规则和样式定义，生成适用于不同输出渠道和介质的文档格式。这样，文档创作者只需维护一份 XML 源文件，即可快速生成多种输出形式，满足不同用户群体和使用场景的需求，大大提高了文档制作的效率和灵活性，降低了多渠道发布的成本。

目前，XML 驱动的智能排版技术已经被广泛应用于学术出版和企业文档管理领域。

（1）学术出版领域

Springer、Elsevier 等出版商采用 JATS 标准，实现论文从投稿、审校到出版的自动化处理。在整个出版流程中，作者提交的论文以 XML 格式按照 JATS 标准进行标记，系统自动对稿件进行解析和处理，在审校阶段，编辑和审稿人可以直接在 XML 文档上进行批注和修改，审校意见也以 XML 的形式记录，便于跟踪和管理。最终，排版系统根据 JATS 标准将审定后的论文 XML 文件转换为符合期刊版式的 HTML 和 PDF 格式，实现快速、高效的出版。XML 引擎自动提取摘要、关键词和参考文献等元数据，生成相应的索引和目录，方便读者检索和浏览，大大缩短了论文的出版周期，提高了学术成果的传播速度和影响力。

（2）企业文档管理领域

IBM 使用 DITA（Darwin information typing architecture，达尔文信息类型化体系结构）管理技术文档。通过 XML 的结构化存储，同一份内容可生成用户手册、API 文档和培训材料，节省 80%的排版时间。DITA 采用主题式的信息组织方式，将文档内容分解为可重用的主题单元，每个主题单元都具有明确的语义和结构，这样可以根据不同的文档类型和用户需求，灵活地重组这些主题单元，快速生成多种技术文档。例如，用户手册可能需要包含产品概述、安装指南、操作说明等主题，而 API 文档侧重于接口定义、参数说明、示例代码等主题，因此，通过 DITA 的引用和组合机制，可以从同一套 XML 源文件中提取和组织相应的主题，生成针对性的文档，避免了重复编写和排版相同内容的工作，显著提高了文档制作的效率和一致性，降低了文档维护的成本。

在实际应用中，XML 智能排版技术在复杂版式处理和性能优化等方面仍面临一些挑战。例如，表格嵌套、多栏布局等复杂场景仍需人工干预；大规模 XML 文档的实时渲染对计算资源要求较高，影响实时编辑预览的流畅性；含大量多媒体内容的文档处理和渲染复杂度较高，性能优化和效率提升也是一个重要挑战。

尽管如此，XML 技术的发展前景依然广阔。未来，AI 驱动的智能排版技术将成为重要发展方向，通过将人工智能技术引入 XML 智能排版领域，可自动发现排版规则中的潜在模式和优化空间，实现更加智能化的排版效果。大语言模型与 XML 的结合也将成为趋势，大语言模型具有强大的自然语言理解和生成能力，可以将其与 XML 技术相结合，实现从自然语言文本到结构化 XML 内容的自动转换。

XML 技术通过结构化数据管理和规则驱动的转换机制，已成为智能排版技术的基石。随着标准化体系的完善和人工智能技术的融合，XML 技术将进一步推动出版流程的自动化、个性化和智能化，为多模态数字出版提供可持续的技术支撑。

8.6
XML 与出版安全技术

XML 技术在数字出版中的应用贯穿了流程管理、修订痕迹管理、内容质量管理、格式转换以及传播分发，其结构化、标准化和可扩展的特性，使其成为解决行业痛点的关键技术支撑。

目前 XML 技术已经在修订痕迹管理、内容质量控制等方面得到了充分应用。如在校对领域，传统校对依赖人工检查，效率较低且难以标准化，而 XML 可以通过标记语言对错误类型进行结构化定义，使校对工作从经验驱动转向数据驱动。本节将系统阐述 XML 技术体系中的版本管理、内容校对与修订痕迹记录三大核心技术模块。基于三大技术模块通过标准化协议与工具链集成，解决多版本协同冲突、数据准确性缺失及修改追溯难题，从而构建出从数据演化追踪到质量控制的完整治理框架。

8.6.1 XML 版本管理工具与标准

XML 版本管理是针对可扩展标记语言（XML）的结构化数据，通过系统化的方法追踪、记录和控制文档变更历史的技术体系。其核心在于维护数据的完整性、可追溯性及多版本间的协同效率，主要服务于技术文档、配置管理、数据交换等。在基本概念层面，XML 版本管理强调明确的版本触发规则，仅当文档发生实质性内容变更（如元素增删、属性修改或结构重组）时生成新版本，而格式转换（如 XML 转 PDF）、翻译或工作流程状态变更（如审核通过）不单独创建版本，但需记录相关操作。同时，系统要求严格区分版本演化与业务流程，例如同一审核阶段可能包含多个版本迭代，避免版本号与流程节点强绑定。为确保多版本环境下的数据可靠性，交叉引用必须指向具体版本标识符（如 version="2.3"），并通过语义化标签（如“草案”“发布版”）赋予版本号业务含义，从而降低协作中的认知偏差。

在核心目标维度，XML 版本管理聚焦四大关键方向：

①变更轨迹可追溯：构建完整的文档演化图谱，支持从任意版本回溯至历史状态。例如，通过差异分析工具可精准定位某配置参数在版本 1.5 至 2.0 间的修改记录，满足审计合规需求。

②结构完整性保障：维护 XML 树形逻辑在版本合并、分支操作中的合法性。采用引用式版本控制技术，将原始文档存储为独立实体，版本差异通过元数据描述而非直接覆盖原结构，避免因并行编辑导致的节点冲突。

③跨版本查询效率优化：借助时态索引技术，为每个 XML 节点附加生效时间戳（如 validFrom="2025-03"），使查询当前有效配置的响应速度提升，大幅减少全量版本遍历的开销。

④语义兼容性管理：实现新旧版本的无损兼容。通过命名空间隔离变更（如 xmlns:v2="http://example.com"）与智能默认值映射（如为旧版本缺失的新元素自动填充默认值），确保数据消费者无须强制升级相关平台即可解析新版本文档。

总的来说，XML 版本管理通过触发规则（仅实质性变更生成新版本）、引用式版本控制（独立存储原始文档并记录差异元数据）及时态索引（节点时间戳优化跨版本查询），实现变更轨迹追溯、结构完整性保障、跨版本查询效率优化与语义兼容性管理，支持技术文档与数据交换场景的审计合规与实时决策。

通过结构化变更追踪、智能合并机制与标准化协议，XML 版本管理解决了多版本环境下的数据一致性与协同效率难题，为跨系统、跨组织的复杂数据治理提供了底层支撑。随着数字化转型深化，其核心目标正从基础的历史追溯向支持实时决策、自动化兼容演进等高阶需求延伸，成为企业数据资产管理的战略性基础技术。

8.6.2　XML 内容校对技术

XML 内容校对技术是用于确保 XML 文档准确性和规范性的技术。它主要涉及对 XML 内容的验证、校对和修正，以确保内容符合特定的结构和语义规则。XML 文档的校对通常包括检查元素标签的正确性、属性值的准确性、内容的完整性以及文档结构的合法性等。Schematron、XPath 断言则是基于 XML 的验证方法，主要用于确保 XML 文档符合预定义的规则和模式，它不仅关注文档的结构，还关注文档的内容和业务规则。

（1）Schematron

Schematron 是一种基于 XML 的验证语言，用于声明 XML 文档中数据的存在或缺失模式。它通过 XPath 路径表达式来定义这些模式，并利用 XSLT 生成验证报告。Schematron 也是《信息技术-文档模式定义语言（DSDL）-第 3 部分:使用 Schematron 的基于规则的验证》（ISO/IEC 19757-3:2025）标准的一部分，广泛应用于复杂数据验证场景，如跨多个 XML 文档的关系验证、基数约束和依赖关系验证。

Schematron 的优势在于其灵活性和开放性，允许用户定义复杂的验证规则，例如检查多个元素之间的关系或计算字段值。

（2）XPath 断言

XPath 断言通过 XPath 路径表达式来判断文档中是否存在符合特定条件的节点。在接口自动化测试中，XPath 断言常用于验证返回的 XML 格式数据是否符合预期。例如，可以通过 XPath 路径表达式提取特定字段并进行断言验证。XPath 断言不仅适用于 XML 数据，还可以扩展到其他格式的数据验证，如 JSON。

Schematron 和 XPath 断言可以结合使用，以实现更全面的 XML 文档验证。Schematron 提供结构化的验证规则，XPath 断言则用于具体的节点查询和验证。例如，Schematron 中定义的规则（assert 和 report）本质上是基于 XPath 的表达式，可以通过 XSLT 处理 Schematron 文件来提取或转换这些 XPath 表达式，从而实现对 XML 文档的高效验证。因此，依托 Schematron 与 XPath 断言的协同机制，内容校对可以针对出版领域的 XML 结构化数据（如 JATS、DocBook）进行元素关系、基数约束及业务规则校验，进而确保内容合法与标准化合规。

Schematron 和 XPath 断言在出版领域的应用主要集中在内容结构化验证与质量控制方面。出版行业常依赖 XML 格式（如 DocBook、JATS）描述图书、期刊等内容的逻辑结构，而 Schematron 作为一种基于规则的模式语言，结合 XPath 的节点定位能力，可高效实现内容一致性、标准化合规性等维度的验证，从而保证内容结构的准确性。

8.6.3　XML 文档修订痕迹记录

XML 文档修订痕迹记录是一种用于记录和管理 XML 文档修改历史的技术。其主要目的是在多用户协作环境下，精确记录文档的每一次修改，包括修改内容、操作者、时间及版本号等信息，其目的是跟踪和记录文档的修改历史，以便在需要时查看、接受或拒绝更改。这种机制通常通过特定的 XML 元素或指令实现，记录修改的时间、作者、内容以及修改类型（如添加、删除或修改）。

XML 修订痕迹记录常用的技术包括 DiffGram 和版本控制方法等。

（1）DiffGram

DiffGram 是一种 XML 格式，用于标识数据元素的当前版本和原始版本，主要用于.NET Framework 中的 DataSet 内容的序列化和传输。DiffGram 格式由当前数据、原始数据和错误信息这三个部分组成，且每个部分都有相应的行顺序和行标识，并通过特定的批注（如 id、parentId、hasChanges 和 hasErrors）来标识不同版本的行或错误信息。

DiffGram 可以用于修改 Microsoft SQL Server 数据库中的表数据，并通过 ReadXml 和 WriteXml 方法读取或写入数据。

（2）版本控制方法

版本控制方法包括使用“schemaVersion”属性、“targetNamespace”属性和更改目标命名空间等。其中，“schemaVersion”属性允许在元素声明中指定文档的版本号，帮助应用程序识别和处理不同版本的 XML Schema。“targetNamespace”属性可以为 XML Schema 指定一个特定的命名空间作用域，但需要应用程序进行额外处理。

更改目标命名空间是另一种细化 XML Schema 的版本控制方法，其实质就是通过命名空间名称来实现版本控制，适用于需要更细粒度控制的场景。值得注意的是，W3C 推荐使用命名空间 URI 格式来管理 XML 文档的版本。

（3）其他相关技术

DiffGram 是 XML 修订痕迹记录的核心技术，其内置的增量存储机制和基于标识符的版本关联实现了有效变更追踪。该技术可结合外部算法（如 X-Diff、整合差分方法）进一步优化文档差异检测。

X-Diff 算法是一种有效的 XML 变更检测算法，专注于无序 XML 树，通过时间戳和类型（插入、修改或删除）来识别变化。整合的差分方法则使用整合的差分概念来存储变化，减少冗余信息并提高查询效率。

随着 XML 文档修订痕迹记录的相关技术的成熟，可实现多用户协作下的修改内容、操作者及时间信息的精准追踪。因此，XML 修订痕迹解析在文档管理、协作编辑、隐私保护、法律法规、文档合并和教育培训等多个领域都有广泛的应用。XML 修订痕迹解析的主要应用场景包括以下几个方面。

①文档版本控制和历史记录：XML 修订痕迹可以记录文档的每一次修改，包括作者、日期、时间、操作类型（如新增、删除或修改）等信息。这些信息有助于追踪文档的变更历史，确保文档的完整性和可追溯性。

②多用户协作编辑：在多用户协作编辑场景中，修订痕迹可以帮助团队成员了解文档的修改历史，便于讨论和校对。例如，团队成员可以在编辑器上方开启修订跟踪功能，显示修订者姓名和时间，方便团队讨论和校对。

③隐私保护：在某些情况下，修订痕迹可以用于保护编辑者的隐私。通过使用修订标识符而不是详细的变更追踪，可以在保护隐私的同时实现文档的版本控制。

④法律合规性要求：在需要记录和审计文档修改的法律合规性场景中，修订痕迹提供了必要的信息。例如，在电子病历系统中，修订痕迹可以记录医生对病历的修改，确保医疗记录的准确性和可追溯性。

⑤文档合并和比较：在合并或比较不同版本的文档时，修订痕迹可以帮助识别差异。例如，通过比较具有相同修订标识符的文档内容，可以确定它们是否来自文档分叉前的不同版本。

8.7 XML 与出版创新技术的融合

在数字化与智能化浪潮的推动下，数字出版正经历着前所未有的范式变革。XML 以其结构化、语义化的特性，成为连接传统出版流程与前沿技术创新的关键纽带。通过深度融合大数据分析、大语言模型、多模态呈现等新兴技术，XML 不仅提高了内容生产效率，更重新定义了数字出版传播与利用方式。

8.7.1 大数据驱动下的知识重构

在数字出版领域，学术期刊与知识服务平台积累了海量 XML 文档，为大数据技术提供了结构化“原料”。出版机构通过构建分布式数据库，将标准格式的论文 XML 文件纳入统一存储体系，经抓取、清洗与标准化处理后形成洁净数据集。

在学术评价领域，XML 技术凭借其高度结构化与语义清晰的特点，为大数据分析与模型构建提供了坚实的数据基础。主流学术期刊常使用如 JATS 格式的 XML 进行文章标注，其中包含详细的元数据（如作者信息、机构、参考文献、图、表、章节结构等），为后续的信息挖掘与特征提取创造了条件。借助这些结构化数据，研究者可以构建如作者历史影响力指标（H-index）演变趋势、参考文献网络结构、学科交叉程度等多维度评价指标体系，为论文或作者的科研影响力建模。

在预测模型方面，融合了 XML 提取特征与大规模引文数据训练的机器学习方法（例如随机森林、LSTM 等），已被用于尝试预测论文未来的被引趋势、作者科研发展轨迹等。在某些实验中，结构化特征的引入显著提高了模型的泛化能力和预测精度。

同时，XML 与大数据的结合也正在推动学术不端检测机制的演进。传统查重方法以字符串匹配为主，难以识别复杂改写、图表伪造等新型不端行为。基于 XML 的语义分析技术能精准定位文章结构中的重点内容区块（如方法、结论、参考文献），配合文本指纹生成与相似度分析，可更有效识别可疑行为。目前，国内外多个科研数据库正尝试引入结构化语义特征，以提升学术诚信检测的深度与广度。

8.7.2 大语言模型赋能内容生产

大语言模型为 XML 格式的数字内容生产与应用带来了新的变革，基于大语言模型能够理解自然语言指令，结合 XML 结构生成符合要求的内容，如根据 XML 模板自动生成文章、书籍章节等，大大提高内容生成效率，保证内容结构化和标准化。

在内容应用方面，大语言模型可对 XML 格式的数字出版内容进行智能分析和处理，实现内容推荐、个性化阅读体验等。同时，大语言模型与 XML 的结合还可实现多模态内容生成和跨语言出版，进一步拓展数字出版的应用场景。未来，大语言模型在数字出版领域将更加专业化、场景化、轻量化，推动数字出版向智能化、个性化和高效化的方向发展。

8.7.3 多模态出版的沉浸式体验

未来，数字出版物将融合视觉、听觉、触觉等多种模态，为读者提供全方位的沉浸式体验。XML 技术作为结构化数据存储和交换的标准，将在多模态内容的整合与管理中发挥关键作用。

多模态出版将突破传统出版的二维平面限制，进入三维立体的沉浸式阅读时代。通过 XML 格式存储的多模态内容，可以实现对复杂场景的精确描述和高效管理。例如，利用 XML 标签定义虚拟现实（VR）、增强现实（AR）和混合现实（MR）元素的位置、属性和交互逻辑，使得数字出版物能够提供更加真实和丰富的阅读体验。

多模态出版将推动个性化阅读体验的发展，允许对不同模态的内容进行灵活组合和定制。读者可以根据自己的兴趣和需求，选择不同的模态组合，如同时阅读文字、聆听音频解说、观看相关视频等。这种个性化的阅读方式不仅提升了读者的参与度，还能够更好地满足不同用户的学习和娱乐需求。

多模态出版与 XML 技术的结合将促进数字出版内容的智能化生成和编辑。大语言模型等人工智能技术可以基于 XML 结构快速生成符合要求的多模态内容，提高内容生产效率。同时，XML 的标准化格式便于多模态内容的解析和处理，使得数字出版物能够更便捷地进行跨平台发布和共享。

随着技术的不断进步，多模态出版在数字出版领域的应用将更加广泛和深入。它将不仅不会局限于教育、娱乐等领域，还将在专业出版、学术交流等方面发挥重要作用，推动数字出版产业向更加智能化、个性化和沉浸化的方向发展。

8.8 XML 数据标准

8.8.1 国家标准

国家标准在 XML 数据领域起着基础性、规范性的作用，为数据的表示、交换、存储等提供了统一的规则。我国的 XML 相关国家标准涵盖数据加密、数字签名、访问控制等方面，如《信息安全技术　术语》（GB/T 25069—2022），对包括 XML 加密、签名等在内的信息安全技术术语进行了规范；《信息安全技术　个人信息安全规范》（GB/T 35273—2020），对涉及 XML 格式的个人信息数据处理活动提出了合规要求。这些标准的制定与实施，保障了 XML 数据在不同系统、不同行业间的安全、可靠交换与共享，促进了信息化建设的健康、有序发展。

在出版领域，XML 数据标准同样发挥着重要作用。XML 作为一种结构化标记语言，被广泛应用于期刊、图书等出版物的生产与发布流程中。基于 XML 的出版流程能够实现内容的结构化和对元数据的描述，促进资源的重用和交换共享。例如，通过设计文档类型定义（DTD）或 XML 模式定义（XML Schema），可以对出版内容进行标准化处理，确保不同作者、不同来源的内容在格式上的一致性，便于后续的排版、编辑和发布。XML 在出版领域的应用还体现在数字出版信息处理中，通过 XML 对出版内容进行文献加工，使结构标准化，利用结构性元数据和元语言，确保资源使用标准化。这不仅提高了出版效率，还提升了出版物的质量和可读性，推动了出版行业的数字化转型。

《期刊文章标签集》（GB/T 40959—2021）是我国首个针对期刊文章内容结构化描述的国家标准，于 2021 年 11 月 26 日发布，并于 2022 年 6 月 1 日正式实施，该标准的实施为我国期刊出版行业提供了统一的 XML 数据标准。《期刊文章标签集》（GB/T 40959—2021）标准适用于期刊文章的编辑、出版与管理，为期刊内容的生产、存储、发布、交换等环节提供数据格式支持。该标准定义了期刊文章的标签集，包括文章的结构、元数据、内容等的描述方式，以实现对期刊文章的全生命周期管理。标签集包含期刊出版中可能涉及的各类元素，涵盖期刊名称、年、卷、期、页码、标题、作者、摘要、关键词、正文各级标题和段落、图、表、公式、参考文献等内容。该标准的实施有助于提高期刊内容的可读性和互操作性，便于不同期刊平台之间的数据交换和共享。《期刊文章标签集》（GB/T 40959—2021）标准对接国际标准，解决期刊内容可复用性差以及重复加工等问题，为期刊集群化、国际化以及知识服务等方面的发展奠定技术和数据质量基础。

8.8.2　DocBook 标准

DocBook 是专为技术文档设计的语义化标记语言，其历史可追溯至 1991 年。DocBook 基于 SGML/XML 实现，早期以 SGML、DTD 为主，随着 XML 的普及，逐渐转向与 XML 兼容。其核心特点是内容与样式分离，作者仅需关注文档的语义结构（如章节、段落），而样式由 XSLT 等工具处理，支持生成 HTML、PDF、EPUB 等十多种格式。

DocBook 的文档模型围绕书籍类内容设计，主要元素包括：

①顶级容器：如 “book”（书籍）和“set”（丛书）元素，后者可包含多个“book”元素。

②章节结构：通过 “chapter” “section” “appendix” 定义层级，支持嵌套子章节。

③元数据管理：使用 “bookinfo” 或 “docinfo” 元素存储作者、版权、摘要等信息。

④内容块：包含“para”（段落）、“itemizedlist”（无序列表）等块级元素，以及“emphasis”（强调文本）、“ulink”（超链接）等行内元素。

例程 8-1 是一个符合 DocBook 5.1 规范的简单示例，展示书籍结构与基本元素。

例程 8-1：

```
<?xml version="1.0" encoding="UTF-8"?>
    <book xmlns="http://docbook.org/ns/docbook" version="5.1">
      <info>
        <title>深入浅出 DocBook</title>
        <author>
          <personname>张山</personname>
          <email>张山@126.com</email>
        </author>
        <pubdate>2025-03-16</pubdate>
      </info>

      <chapter>
        <title>DocBook 基础</title>
        <section>
          <title>标记语言对比</title>
```

```
        <para>
          DocBook 与 HTML 的核心差异在于<emphasis role="bold">语义专注度
</emphasis>。
        </para>
        <itemizedlist>
          <listitem>
            <para>优势: 内容样式分离</para>
          </listitem>
          <listitem>
            <para>挑战:掌握 XML 语法与元素语义</para>
          </listitem>
        </itemizedlist>
      </section>
    </chapter>
  </book>
```

例程 8-1 较为完整地展示了书籍的元数据、章节结构、段落文本、强调样式、列表，体现了 DocBook 通过标签实现语义精确的特点。通过 XSLT 转换，该文档可生成具有交互目录的 HTML 页面或排版精美的 PDF 文件。DocBook 已成为技术文档领域的事实标准。随着 XML 技术的演进，DocBook 5.*x* 版本进一步增强了对现代出版需求的支持，例如 EPUB3 格式的深度集成。尽管面临 Markdown 等轻量级语言的竞争，但在需要复杂内容管理和多维度输出的场景中，DocBook 仍具有不可替代的优势。

8.8.3　JATS 标准

JATS 标准应用于学术期刊领域，作为全球广泛采用的标准，为期刊内容的存储、交换与再利用提供了统一框架。

JATS 是由美国国家医学图书馆（NLM）主导开发，最初用于支持 PubMed Central（PMC）生物医学文献数据库的全文存储与检索。2003 年，NLM 发布第一版 JATS DTD，旨在解决学术期刊文章的结构化标记问题。2012 年，美国国家信息标准协会（NISO）正式批准 JATS 成为美国国家标准。截至目前 JATS 已经成为全球学术出版领域的事实标准。

JATS 定义了学术期刊文章的全要素标记方案，涵盖以下层次：

①文章元数据：标题、作者、摘要、关键词等。

②正文内容：章节、段落、图表、公式、参考文献等。

③补充材料：数据集、代码、多媒体资源链接等。

其核心标签集包括三类 DTD 变体：适用于文献长期存档与跨平台交换的“Journal Archiving and Interchange Tag Suite”、针对出版商内容生产与排版需求的“Journal Publishing Tag Suite”、支持作者在撰写阶段的标准化内容输入的“Article Authoring Tag Suite”。

例如，一篇论文的摘要部分在 JATS 中的标记如例程 8-2 所示。

例程 8-2：

```
<abstract>
    <title>摘要</title>
        <p>本文提出了一种基于 XML 的学术期刊协同编辑框架…</p>
</abstract>
```

基于 JATS 标准，出版商、数据库与检索平台（如 PubMed、CrossRef）能够实现无缝交换数据，避免重复加工，提升了内容互操作性。并且，符合 JATS 标准的结构化数据便于机器解析，加速了开放获取期刊的传播与再利用，极大地支持了开放获取期刊。同时，在出版过程中 JATS 结合 XSLT 技术，JATS 文档可直接转换为 HTML、PDF 等出版格式，可以减少人工干预，实现自动化生产流程。

8.8.4　XML 标准的行业应用

尽管 JATS 具有普适性，但不同地区与学科仍需针对本地化需求进行扩展。例如，中国学术界衍生出基于 JATS 的行业标准（如中华医学会 CMA 标准、中国光学期刊网 CLP 标准），进一步优化了中文期刊的出版流程与数据互操作性。

（1）中华医学会 CMA 标准

中华医学会（Chinese medical association，CMA）为规范《中华医学杂志》等百余种医学期刊的数字化出版，基于 JATS Archiving DTD 开发了 CMA 标准。该标准重点适配中文医学论文的特殊需求，如中医药术语、临床试验数据格式等。

CMA 相对于 JATS 的核心扩展与区别有以下几条：

①增加“<cn-abstract>”标签，并与 JATS 的“<abstract>”并存，实现中英文摘要独立标记，支持双语检索。

②引入“<funding-list>”标签，细化科研基金信息的标注规则。

③强制要求参考文献符合《信息与文献　参考文献著录规则》（GB/T 7714—2015）国家标准格式。

④增加“<ethics-statement>”标签，规范医学伦理声明的结构化描述。

⑤扩展作者机构信息，包含“科室”“医院等级”等医学专用属性，如例程 8-3 所示。

例程 8-3：

```
<aff id="A1">
  <institution>北京协和医院</institution>
  <department>心内科</department>
  <addr-line>北京市东城区帅府园 1 号</addr-line>
</aff>
```

CMA 标准统一了中文医学期刊的数据结构，助力中国医学期刊数据库的建设，并促进相关数据与国际数据库（如 Medline）的元数据兼容。

（2）中国光学期刊网 CLP 标准

中国光学期刊网（Chinese optics letters platform，CLP）联合国内 30 余家光学期刊制定 CLP 标准，旨在优化光学领域技术论文的数据表达（如光学公式、实验参数）。

CLP 相对于 JATS 的核心扩展与区别如下：

①增加“<experimental-setup>”标签，结构化描述实验设备参数。

②定义“<optical-formula>”标签，支持 MathML 与光学符号（如波长 λ、折射率 n）的混合标记。例程 8-4 是一个“<optical-formula>”标签的示例。

例程 8-4：

```
<optical-formula>
  <mml:math>
    <mml:mi>n</mml:mi>
    <mml:mo>=</mml:mo>
    <mml:msqrt>
      <mml:mi>ε</mml:mi>
    </mml:msqrt>
  </mml:math>
  <wavelength unit="nm">632.8</wavelength>
</optical-formula>
```

③采用 *Date and time — Representations for information interchange*（《日期和时间.信息交换用表示法》，ISO 8601-1:2019）标准标记实验时间戳，精确至毫秒级，如例程 8-5 所示。

例程 8-5：

```
<time-stamp>2023-07-20T14:35:21.123+08:00</time-stamp>
```

④引入“<data-availability>”标签，强制要求公开原始光学实验数据链接。

在使用扩展标签时，通过命名空间隔离来避免与 JATS 原生标签冲突。此设计使得同一文档既可被 JATS 兼容工具处理，又能满足本地化需求。

总的来说，CMA 与 CLP 标准均严格遵循 JATS 核心标签集，仅在特定领域扩展专用元素。这样，既确保国际数据库仍能解析基础元数据，又促使本地化功能增强。例如，CLP 标准提升了光学领域论文的机器可读性，支撑光学知识图谱构建，并为学术不端检测提供结构化数据基础。更为重要的是，基于 JATS 的标准降低了中文期刊与国际接轨的技术门槛。例如，CLP 标准论文通过自动转换工具可生成符合 JATS 的英文元数据，直接提交至 SCI 数据库。

第 9 章

基于 XML 技术的方正鸿云学术出版系统

当今，出版行业正面临一个传统媒体和新兴媒体相互融合、相互促进、共同发展的全新阶段。人工智能、文本挖掘等先进技术持续推动学术出版行业实现变革，为学术期刊出版形式多样化、学术传播、学术社交、专业知识服务等方面提供了更加广阔的施展舞台。

方正鸿云学术出版系统从打造先进工具入手，提升编审、出版效率，重塑以新媒体传播为导向的新型出版流程，通过 SaaS（软件即服务）的创新模式，提供专业的产品和服务。这一成熟的产品解决方案为基于 XML 技术的出版系统提供了可借鉴的实践案例。

9.1 方正鸿云学术出版云服务平台

方正鸿云学术出版云服务平台（以下简称“方正鸿云”）自 2018 年以来，先后推出了投审稿系统、XML 数字化生产系统、学术发布与传播系统、精准推送服务，建设了学术大数据中心、统一用户数据中心、AI 工具集，打造了坚实的智能底座，从而形成了覆盖投稿、审稿、出版、传播、辅助分析等一体化全流程智能化解决方案，如图 9-1 所示。

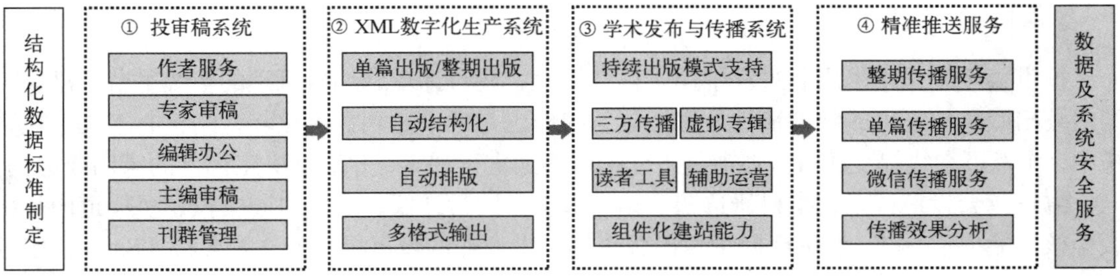

图 9–1 方正鸿云学术出版云服务平台整体框架图

系统整体设计主要包括 4 大模块，为期刊提供集选题策划、稿件采集、同行评议、XML 生产系统和学术发布系统于一体的学术出版服务。

（1）投审稿系统

投审稿系统实现约稿、投稿、审稿的数字化服务，建立作者、编辑、审稿人之间的新型业务模式。贯穿投稿、审稿全过程，为编辑部提供优质作者服务、审稿效率提升、同行评议、多角色协同交流、持续出版模式、大数据驱动的投审服务平台。

（2）XML 数字化生产系统

以 XML 数据为基础实现对论文结构化、自动排版、多格式输出。支持对内容资源的结构化输出、结构化管理标引，为实现内容分发、知识服务等经营模式提供数字化基础设施支撑，以提升出版效率、提高传播时效性。

（3）学术发布与传播系统

为期刊提供多种内容发布能力，提高学术传播能力，拓展传播渠道，成为期刊的学术发布、传播的重要出口。

（4）精准推送服务

以学术大数据为基础实现内容与读者的匹配，并通过邮件、微信进行推送传播，强化学术传播能力，提升学术影响力。

方正鸿云以一体化、集群化、国际化、智能化、自主可控等为核心优势，对解决科技期刊现存问题、推动集约化出版与集群化发展、提升学术质量等方面发挥着重要作用，在短短几年的发展中，合作期刊达 1700 余种，服务集群超 40 个，服务作者 60 余万人，邮件推送阅读量 3000 余万次、平台总访问量 4 亿次以上，成为我国科技期刊技术发展中不可或缺的重要力量之一。2019 年，方正电子成功中标“中国科技期刊卓越行动计划国际化数字出版服务平台子项目-科技期刊数字化生产国际平台”。在 2024 年，中国科技期刊卓越行动计划二期项目中，方正鸿云与众多期刊建立了紧密合作关系：中文领军期刊合作占比达 47%，中文梯队期刊合作占比 39%，英文领军期刊合作占比 17%。此外，入选的 13 个期刊集群也均与方正鸿云开展了全面或部分合作。

9.2 方正鸿云投审稿系统

9.2.1 整体介绍

投审稿系统是学术出版过程中用于稿件提交、同行评审和编辑管理的在线平台，已成为国内外出版机构不可或缺的稿件处理工具，同样也是学术期刊数字化转型的核心工具。在系统中，作者可在线提交稿件，编辑负责分配审稿人进行评审，并最终决定稿件的录用或退稿。

方正鸿云投审稿系统集科研选题、稿件采集、同行评议、多人协同编校、多渠道同步出版等核心能力于一体，着重面向学术出版机构提供专业的投审稿服务。系统采用 SaaS 云服务模式，具备高可用性、可扩展性和安全性。

方正鸿云投审稿系统是国内首个完整应用 XML 技术的投审稿系统。该平台基于国际通用的 JATS 数据标准和人工智能技术，依托强大的智能文档结构化引擎、XML 动态出版引擎对 Word 稿件进行结构化处理，在投稿后即可输出符合 JATS 标准的数据，实现数据存储和文章信息交换，确保格式规范化，并支持跨平台数据对接。同时，依托 XML 技术高效的格式转换能力，可实现 XML 转 HTML、XML 转 PDF、XML 转 EPUB 等多种格式的自动转换和发布。该系统不仅大幅提升了编辑工作的效率，还优化了稿件在投稿过程中的处理速度与成功率。

经过深度优化与行业实践，方正鸿云投审稿系统已发展成为国内学术出版领域的标杆性平台，典型代表包括：中华医学会杂志社推出的学术期刊出版服务平台、外研社推出的人文社科多语种国际出版平台以及中国实验方剂学杂志投审稿平台等示范性项目。这些成功案例系统性地展现了该平台在跨学科出版及全流程数字化管理等方面的技术优势。

9.2.2　典型的投审稿流程

各编辑部在使用投审稿系统时，会因个人习惯形成不同流程，但均需遵循国家新闻出版署“三审”责任制度。该制度最初为保障图书出版质量与准确性而设立，后逐步扩展至期刊出版领域。国家新闻出版署每年检查质量保障制度的执行情况。优质投审稿系统除需具备数字化、智能化功能以提升稿件处理效率外，在服务编辑、作者、专家群体的同时，还应完善工作留痕与存档机制，以便检查追溯。

“三审”责任制度按工作流程包含初审、复审、终审，各期刊在投审稿环节的核心流程始终围绕“三审”责任制度展开，当前行业普遍采用的典型流程如图 9-2 所示，作者投稿→稿件初审→同行评议→稿件复审→稿件终审→稿件录用→编辑加工。

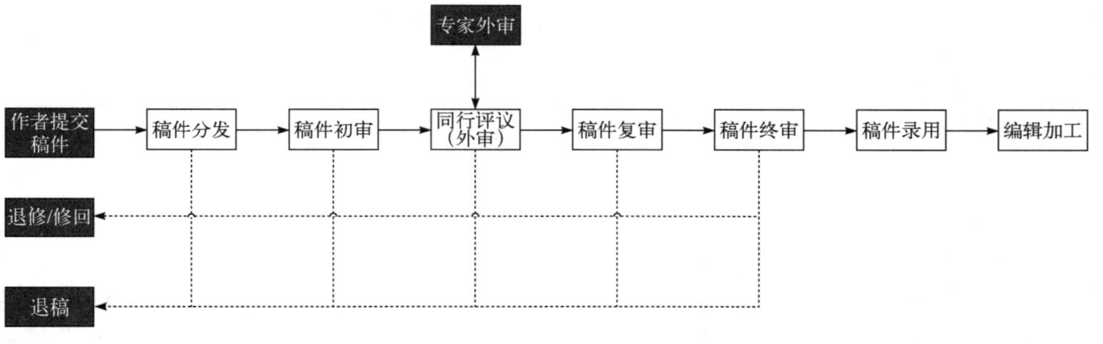

图 9–2　投审稿系统典型流程

（1）作者投稿

作者在投稿前，需按编辑部要求的格式规范准备稿件，并依照系统指引逐步完成投稿流程。上传原稿后，系统将通过智能文档结构化引擎对稿件进行整体识别，并自动生成结构化文件，供后续流程使用（如图 9-3 所示）。

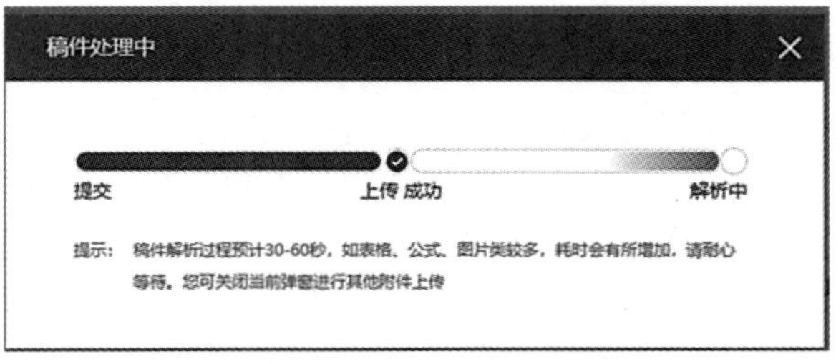

图 9–3　作者投稿时文件结构化

在稿件进行结构化完成后，作者通过图 9-4 所示的投稿界面可看到，系统将自动提取稿件的元数据信息，如标题、副标题、摘要、关键词、作者等内容。系统内置智能审校模块自动检测稿件格式、语言规范及数据完整性，降低因基础问题导致的退稿率。同时根据编辑部的要求，上传相关附件，如补充材料、实验数据等，完成投稿。投稿完成后，作者可通过实时状态追踪功能查看稿件进度，并利用在线消息工具与编辑部沟通。

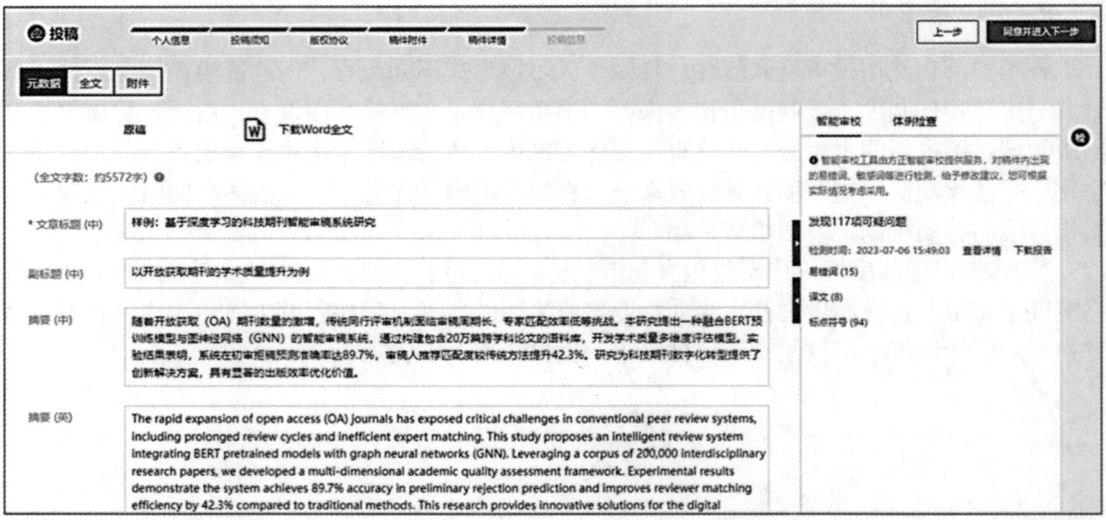

图 9–4　自动填写稿件元数据

（2）稿件初审

编辑部接收稿件后，将根据研究方向为稿件匹配责任编辑进行初审。责任编辑需通读全文并全面评估稿件质量，重点核查学术不端行为、政治导向合规性、研究内容与期刊选题的契合度、体例格式规范性，以及学术价值与社会经济效益等。初审结束后，责任编辑须形成审稿意见及结论。初审环节是三级审稿制度中工作量最大的环节，方正鸿云投审稿系统为编辑提供智能辅助工具，包括自动学术不端检测、重复投稿检测、AIGC（人工智能生成内容）检测、在线全文浏览、体例检查等，有效提升审稿效率（如图 9-5 所示）。

初审结果处理分为两种情况：对于存在学术不端行为、研究内容与期刊定位不符或质量未达标的稿件，将直接作退稿处理；对核心内容达标但需细节完善的稿件，编辑部将启动退修流程，要求作者系统修正体例格式、补充关键数据或论证，最终依据修改质量决定是否进入外审阶段。

（3）同行评议（外审）

同行评议作为学术质量控制的核心机制，通过领域专家对论文的专业评估，在保障学术严谨性的同时，从专业角度甄别论文中可能存在的学术缺陷与方法论漏洞。当前学术期刊普遍采用“双盲评审”模式，即审稿专家无法获知作者姓名、机构等身份信息，作者亦不知晓评审专家，该机制可有效规避作者身份（如学术权威、学生群体或业界新锐）可能引发的评估偏差，同时防止熟人评审导致的学术不公现象的出现。每篇稿件须经至少 2 位审稿专家独立出具书面评审意见及结论，方视为有效评议。

图 9–5　稿件初审页面

系统依托学术大数据构建专家画像，结合研究方向、审稿记录等特征精准推荐“小同行”审稿人，提升外审匹配效率。同时，系统自动生成双盲评审稿，确保评审公正性，提升送审效率。审稿专家通过结构化审稿单提交意见，系统支持单盲、双盲等多种评审模式。作者需逐项回应审稿意见，并同步上传原始数据或补充材料，实现稿件与关联数据的联合送审。若需返修，系统完整记录修改痕迹，便于编辑回溯审核（如图 9-6 所示）。

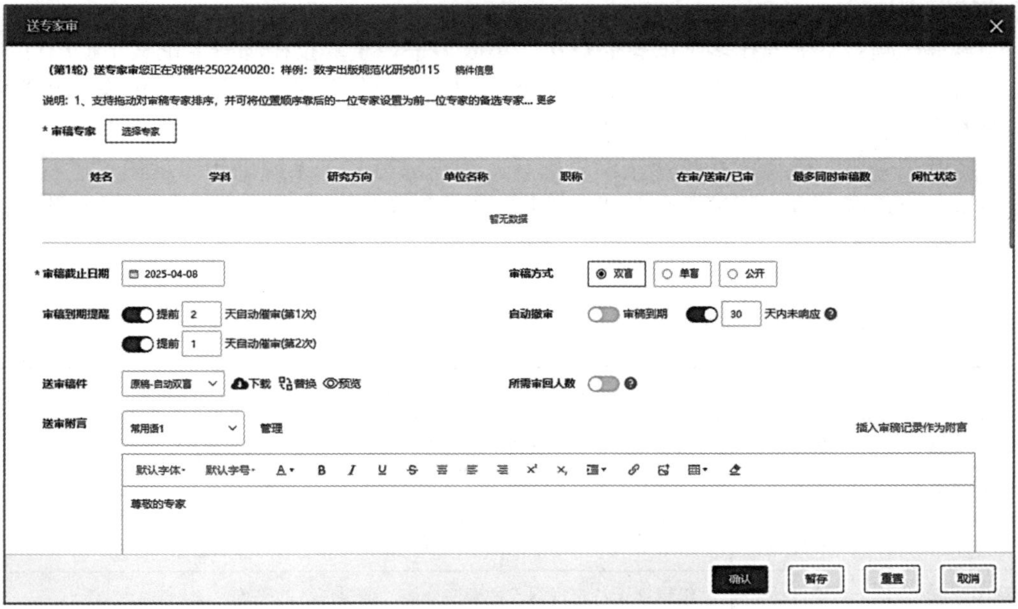

图 9–6　稿件送专家审页面

（4）稿件复审

完成同行评议后，责任编辑会将评审意见反馈给作者进行退修处理，而作者则按要求完善稿件的修改或相关附件的提交，待全部处理完毕后，责任编辑将稿件送至编辑室主任进行稿件的复审。在复审环节同样会进行全文通读，同时参考初审意见、专家意见及作者改后情况对稿件进行审核，给出复审意见，如再次送专家审、退给作者修改，如遇特殊情况还会存在被退稿的情况。当稿件通过复审环节后，将交给最后一审——终审。

系统可实现高效的复审工作，完整的审稿、退修历史可供参考，同时还提供了在线阅读，避免了反复下载 Word 后查看的低效工作，缩短审稿周期，提升出版效率。

（5）稿件终审

稿件终审环节为“三审”的最后一个环节，由具有正、副编审职称的社长、总编辑（副社长、副总编辑）等进行，终审环节是稿件审稿流程的最后决策阶段，基于初审意见、外审意见、复审意见及修改记录进行综合评估，最终决定稿件是否录用。

（6）录用与加工

经过“三审”及外审的稿件，确定无误后根据终审结论将其录用。

编辑加工是日常稿件编审环节必不可缺的一个环节，主要加工内容可包含稿件的逻辑框架、层次结构、语句语法、字体字号、引用规范等内容。部分编辑部可在此环节进行英文翻译工作。对录用（拟录用）的稿件发起编辑加工后，加工编辑可基于系统接收任务并在规定期限内完成加工任务。将成果返回至责任编辑进行复核，责任编辑根据结果可实现一键替换原稿。替换后的稿件可用于后续排版、组刊。

除了上述功能之外，方正鸿云投审稿系统还具有其他特色功能：

①快捷投稿：作者可依据编辑部规范进行导航式投稿，系统将智能识别稿件元数据及关键信息，同步完成格式与体例的自动化核查，在提升投稿效率的同时，有效降低因格式不规范导致的退稿风险。

②异常检测：系统依托多维度智能算法，集成多平台重复投稿筛查、论文工厂/中介机构特征识别、代写代投行为智能评估等核心功能，构建从稿件受理到审稿决策的全流程学术诚信防护体系，显著降低学术不端稿件受理风险。

③多模式分稿：稿件成功投递至编辑部后，编辑部可基于系统采用多种模式进行分配，如基于各个编辑所负责的领域来进行人工分配，还可根据稿件的栏目、学科等条件来进行自动分稿，如表 9-1 所示。

表 9-1　多模式分稿

分稿方式	操作人	说明
人工分稿	编务/主任	人工初筛后，根据各个编辑所负责的领域及工作量进行人工分稿
学科分稿	系统自动	系统根据预设值，按编辑所负责的学科实现自动分稿
栏目分稿	系统自动	系统根据预设值，根据编辑所负责的栏目实现自动分稿
顺序分稿	系统自动	编辑部无特定规则，按顺序分稿，确保任务的平均

④专家智能推荐：同行评议是编审工作的重要环节，基于系统可实现专家的智能匹配，智能匹配可根据历史审稿行为、专家研究方向、审稿领域、闲忙状态进行综合评价。在推荐的同时系统规避如同机构、同地区、师生关系等影响学术公平的情况。

⑤在线邀稿：在学术出版过程中，编辑部会根据年度选题向本刊编委、行业内部专家等进行邀稿，为期刊提供更高学术质量的稿件，进而提升本刊的影响力。基于投审稿系统可实现向邀请对象发起在线邀稿，被邀请的对象则通过本刊作者中心进行投稿响应。为便于跟踪及管理可在编审全流程进行标记、跟进。

⑥自动证明：在稿件编审环节，稿件将会生成多种证明，它们服务的对象也有所区别，如为作者提供的录用证明或用于稿件备案的审稿记录单。采编系统可根据 XML 结构化的参数实现稿件录用证明、审稿记录单的自动生成供各方快速获取。

9.2.3　XML 技术的主要应用点

（1）稿件元数据提取

常规流程中，作者在投稿过程中需要对稿件的基础元数据，如标题、作者、摘要、关键词、基金信息、参考文献等内容进行手工逐条填写。

方正鸿云投审稿系统基于图 9-7 所示的稿件结构化过程，利用智能文档结构化引擎，可在投稿时自动生成 XML 数据包。基于格式化后的 XML 文件，可快速提取标题、作者、摘要、关键词、参考文献等基本信息，实现信息的快速回填，提升作者投稿效率。

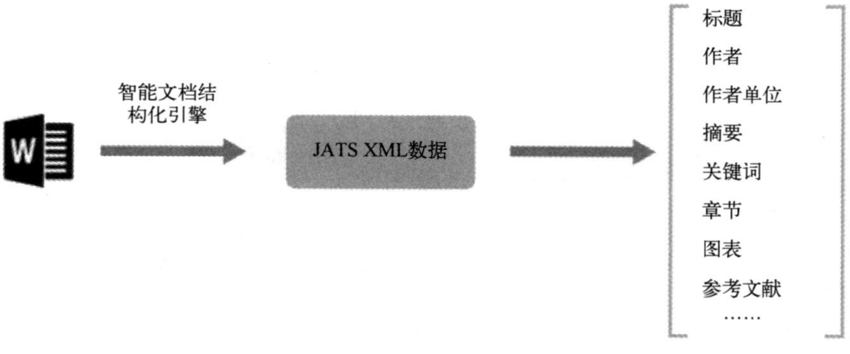

图 9–7　稿件结构化过程示意图

（2）稿件体例检查

体例检查是学术出版流程中的关键环节，主要针对稿件的结构规范性、格式统一性、学术严谨性及语言表述四大维度进行系统性检测，如图 9-8 所示。其中，结构规范性检测依托于 XML 技术的结构化数据处理能力，可精准提取稿件基础元数据（如标题、作者、摘要）、章节层级、图、表、公式等核心要素，通过与期刊预设模板进行智能比对，快速定位格式偏差或要素缺失，从而将传统人工逐项核查转化为可视化差异报告，显著提升编校效率。

在此过程中，采用 JATS 数据结构具有独特优势。该标准已成为全球公认的期刊文章内容标记规范，得到了包括 Elsevier、Springer 等大型出版集团的支持和使用。通过预定义的语义化标签体系（如“<article-title>”“<abstract>”“<fig>”等），不仅能自动化解析稿件各要素的语义属性与层级关系，还可实现图表识别、参考文献标引合规性验证等深度检测。编辑系统基于 JATS 进行机器可读的规则配置后，可同步完成元数据完整性核查、章节嵌套逻辑判断等复合型体例审查任务，确保学术成果在呈现形式与内容组织上均符合出版规范。

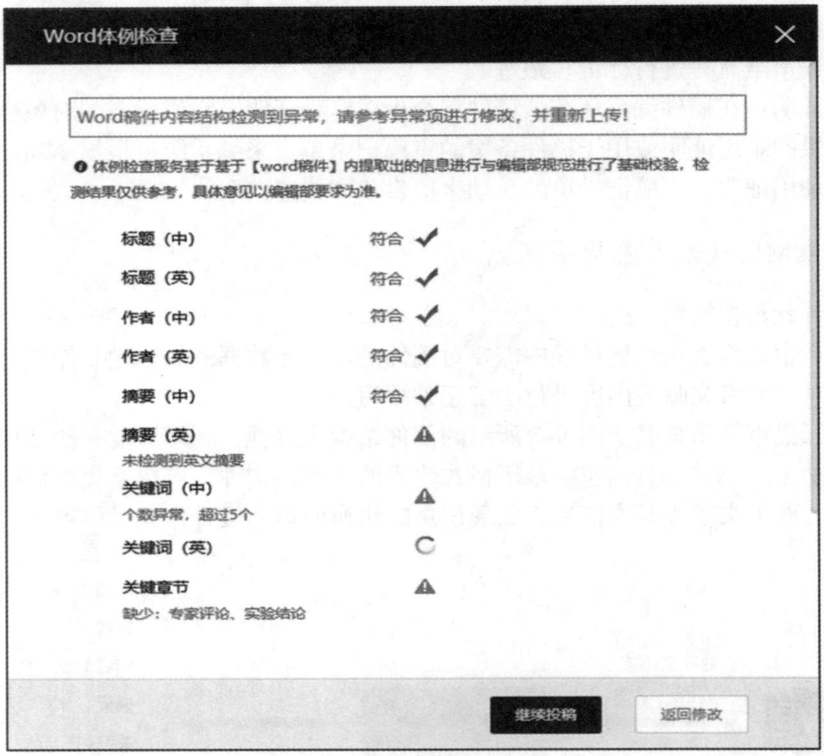

图 9–8　稿件体例检查示意图

（3）盲审稿生成

方正鸿云投审稿系统通过智能解析 XML 数据包中的“<contrib contrib-type="author">”结构化标签，精准识别并批量删除作者姓名、单位及简介等敏感信息，结合动态出版引擎对脱敏后的 XML 内容进行标准化 Word 渲染与自动排版校准，一键生成格式规范的盲审稿件。相较传统人工逐项筛查模式，该技术将单篇盲审稿处理时间进行压缩，并规避了人工操作导致的图表错位、信息残留等风险，为高效安全的同行评议提供全流程自动化支持。

（4）在线阅读 HTML

利用 XML 的多格式转换能力，可以实现从 XML 到 HTML 的快速转换。通过生成的 HTML 文件，稿件内容能够直接以流式阅读的方式呈现，无须再通过传统的下载 Word 文档到本地设备的方式查看，从而有效提升了稿件的审理速度。同时，这种方式也避免了定期清理本地冗余文件的麻烦，使整个稿件审理流程更加高效和便捷。

（5）PDF 预排版

基于 XML 数据，结合方正鸿云的 XML 动态出版引擎，按照编辑部的稿件模板进行预排版，使编审人员能够在编审阶段实时查看稿件预排版效果，辅助编辑在稿件拟录用后更高效地进行加工和润色，提升编审工作效率。

（6）优先出版

基于 XML 数据的结构化特征与动态转换能力，系统可快速生成适配多终端的 HTML 版本，为优先出版提供技术支撑。相较于传统 PDF/Word 格式，HTML 流式文档格式不仅能够实现跨设备自适应阅读，更能通过交互式图表、内嵌科学数据等增强内容表现力，显著提升学术传播效率。同时，XML 的结构化特性使得稿件在录用后即可通过自动化引擎解析入库，相较传统人工标注、清洗、映射的加工流程，出版周期大大缩短，实现“录用即发布”。此外，XML 驱动的版本管理机制支持持续出版模式，稿件可随出版流程进行多次优先出版，既保障了学术传播时效性，又通过数据溯源机制维护了学术严谨性。

（7）数据交换

凭借着 XML 数据高效存储与动态转换的技术优势，稿件一经投递即可生成标准化 XML 数据文件，并贯穿编审、生产排版、网站发布及主动传播的全流程一体化管理。通过统一数据源驱动多环节协同，XML 技术打破了传统模块间的数据壁垒，实现了跨模块数据的高效流转与复用，显著提升了学术出版全链路的处理效率与内容一致性。

9.3 方正鸿云 XML 数字化生产系统

区别于传统生产排版方式，XML 生产方式因其“一次制作、多次发布”的特点被出版单位青睐。国际学术出版巨头如 Elsevier、Springer 等已广泛采用 XML 生产方式，通过自动化流程实现排版和多格式输出。国内期刊自 2019 年中国科技期刊卓越行动计划以来，亦开始陆续采用 XML 生产方式。

9.3.1　生产系统整体概述

方正鸿云 XML 数字化生产系统旨在为学术文献提供专业、高效、便捷的数字化出版服务。以编辑加工、文献管理、成品发布为主线，以 XML 数据为唯一数据源驱动数字化生产，应用智能的文献结构化引擎和强大的多渠道发布引擎，缩短文献生产发布周期，促进学术成果快速传播。出版单位无须具备专业内容编排及数据加工制作技能，即可自主实现标准印刷成品数据（PDF）、全文网刊数据（Rich HTML）、移动终端数据（H5）等格式数据的输出，且所有数据格式均可确保内容的一致性。方正鸿云 XML 数字化生产系统凭借其出色的自动排版及多格式输出能力，合作期刊已超 800 余种。期刊单篇优先出版时间缩短了 35%以上，整期组刊环节的效率也大幅提升。其中北京中医药大学学报自 2021 年起使用方正鸿云系统后，在编辑不增加的情况下，页码量提升 68%（从 1057 页到 1776 页）、稿件审结周期缩短 20%、刊出周期从 177 天缩短到 125 天。中国实验方剂学杂志自 2022 年使用方正鸿云系统后，在编辑不增加的情况下，从 2022 年到现在，载文量提升 10%，收稿量增加 23%，网络首发发文量在中医药领域排名第 1，平均时滞 83.7 天；增强出版比例约占 50%。环境科学学报反馈，自 2021 年使用方正鸿云系统后，年均首发 500 多篇文章，是之前的 10 倍多，网络首发时间较之前平均提前 124.6 天。

方正鸿云 XML 生产系统通过生产环节的技术革新和流程再造，改变了科技期刊传统出版和数字出版“两张皮”的现状，生成的高质量 XML 数据为期刊出版单位开展知识库建设、语义出版知识服务、实现自主鸿云运营、提供知识服务和开展集群化发展提供了坚实的数据基础。

9.3.2 典型 XML 生产流程

方正鸿云 XML 生产系统以智能文档结构化引擎、XML 动态出版引擎为基础，以方正飞翔排版软件为版面精修工具，实现学术内容生产的高度自动化，促进了学术内容的多渠道高效传播。典型的 XML 生产流程如图 9-9 所示。

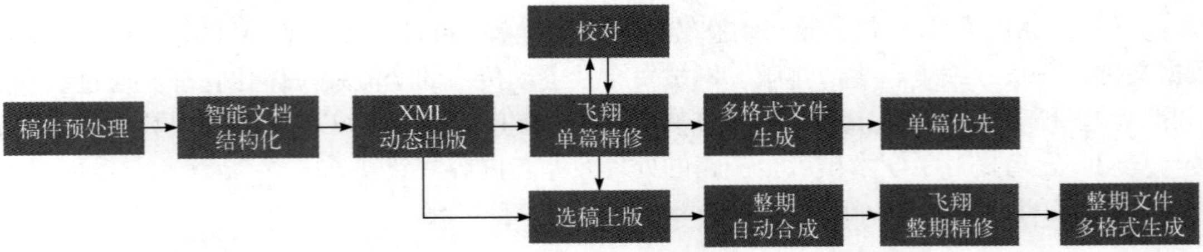

图 9–9 典型的 XML 生产流程

（1）智能文档结构化

方正鸿云 XML 数字化生产系统能够智能识别学术文献的标题、关键词、摘要、正文、参考文献等信息，并自动对识别后的信息进行标签化处理，自动标记标签之间的关联，完成结构化过程。在整个流程中以 XML 为基础数据贯穿始终，结构化文档能够满足后续各种场景的需求。自动生成符合 JATS 标准的全文 XML 数据，满足国内外主流期刊发布平台对结构化文档的标记要求，从而实现内容发布。

（2）自动排版

稿件录用后，需进入排版校对环节，系统可通过调用文献结构化引擎，全面对稿件内容进行分析，将篇名、作者、摘要、关键词等基础元数据，稿件章节、段落、图像、表格、公式等全文要素以及脚注、参考文献等引用内容进行准确提取并生成 XML 结构化文件。随后，借助 XML 多渠道动态发布引擎，平台可以高效、准确地形成稿件版式，这个过程中系统将自动规范符号使用，并完成公式处理、图表位置调整等复杂操作。

（3）对自动排版结果进行精修

在制作与版面布局及样式相关的版式模板时，系统提供所见即所得的可视化编辑工具，使用户可以通过预设内容，直接看到最终自动化输出的成品效果。由于最终出版物的内容和样式不是模板数据的一种简单替换，也无法预测排版数据，因此，在对模板编辑工具的功能设计时，对近 2000 种国内核心期刊的版面样例样张进行了分析和建模，最终确保模板编辑工具具有对国内学术期刊 99%以上各类内容元素的自适应能力。

精修工具能够很好地支持英文类稿件、中英文混合稿件的模板制作，能够对学术期刊中的分栏版式、文字样式、表格、科技公式、组图等常见样式进行快速配置，以所见即所得的方式进行快速设计和调整。

（4）对排版结果进行校对

稿件经过自动排版及初步精修后，即可进入校对环节，方正鸿云提供了多种校对方式，可满足不同校对场景的需求，对于普通文字修改，可通过在线校对的方式，调整文字内容。如果稿件需要修改的部分较多，可直接使用飞翔精修工具实现在线批注或上传校对意见，系统可记录每次校对版本，做到历史留痕。

（5）多种数据格式生成

期刊出版单位在单篇稿件定稿后，可先于纸质期刊的出版日期对单篇稿件进行优先发布或网络首发。平台提供一键生成多种数据格式的功能，可满足期刊出版单位优先出版的需要。方正鸿云提供 30 余种数据格式的生成，除基础的 PDF、XML、HTML 等格式外，还支持其他数据库（如 CA、DOAJ、MEDLINE、PubMed）收录的格式，如图 9-10 所示。

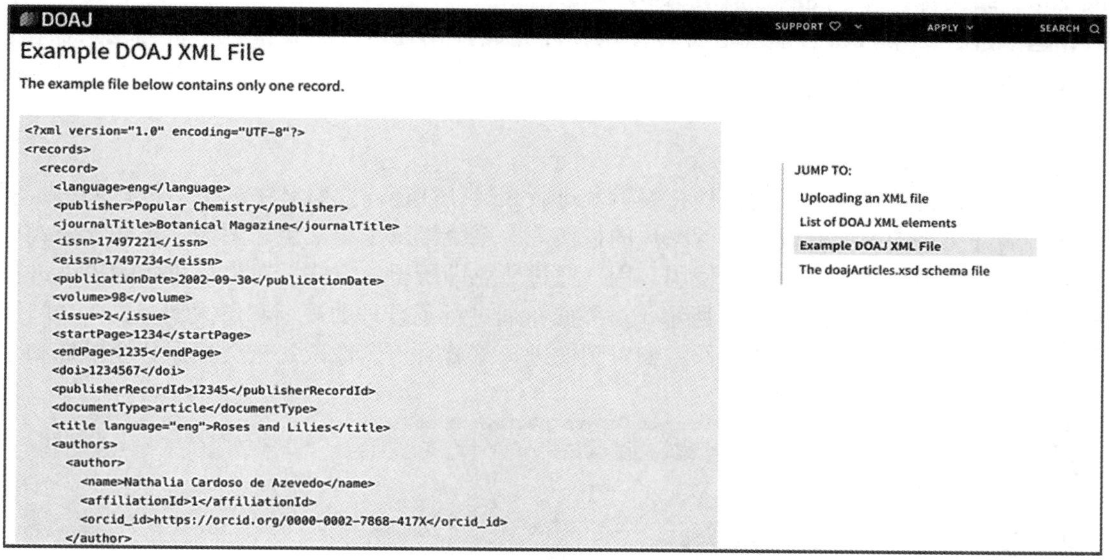

图 9–10　DOAJ 所需的数据格式示例

（6）单篇文章快速发布

方正鸿云 XML 数字化生产系统支持单篇稿件的优先发布。在稿件审核、录用、编辑加工、校对等环节完成后，即可通过系统一键发布，无须等待整期稿件全部完成。这种模式特别适合需要快速传播的学术成果，能够抢占学术领先阵地。

（7）整期排版

在选稿工作完成后，用户可通过平台提供的整期合成功能生成整期的版式文件。在这一过程中，平台将自动根据预置的刊物模板，为用户高效地完成中英文目录提取、页码计算、栏目内稿件连排等工作，快速生成符合刊物整刊样式要求的版式文件，以便用户能够迅速进行整期签发前的审核工作，为下一步的整刊调整工作建立基础。

（8）XML 数据入库

刊物签发后，用户除了可以获得整刊的 PDF 文件外，还可以根据期刊出版社对于数据的应用场景，对整刊中纳入的所有稿件进行多种格式文件的一键打包下载。所有稿件的内容和版式都与已经签发的整刊保持一致，高精度 PDF 文件完全符合纸质刊物印刷质量；XML 结构化数据符合 JATS 标准，对于稿件的各项元素拆分准确且结构正确，符合与国内外主流学术出版平台进行内容交换的标准；Rich HTML/H5 文件则支持对元数据、正文（章节、段落、图片、表格、公式）、参考文献等全部元素的展示，包含合理的交互设计，保证了读者在 Web 和移动端全文阅读的良好体验。

9.3.3 特色能力

（1）自动排版

录用后的稿件经过简单的预处理后，需先完成自动排版操作，系统会在后台调用文献结构化引擎，全面对稿件内容进行分析，将篇名、作者、摘要、关键词等基础元数据，稿件章节、段落、图像、表格、公式等全文要素以及脚注、参考文献等引用内容进行准确提取并生成 XML 结构化文件。随后，借助 XML 动态渲染引擎，平台可以高效、准确地形成稿件版式，这个过程中平台将自动规范符号使用，并完成公式处理、图表位置调整等复杂操作。在无须人工干预的情况下，一分钟内，期刊出版社即可获得可供交付印刷的标准 PDF 版式文件。

（2）可视化精修

针对平台自动排版生成的稿件，编辑及排版人员往往还需要对其中的细节进行调整，例如进行稿件文字内容的修改，进行图片的替换等。系统提供了集文字、图像、表格和公式排版能力于一体的精修工具供用户使用。用户通过所见即所得的方式，对自动排版的稿件进行精细调整。精修工具（如图 9-11 所示）对界面布局进行了合理的规划和层次划分，并专门针对科技期刊提供了一系列便捷操作：如对图像进行缩放时，图像位置将会根据分栏设计和图

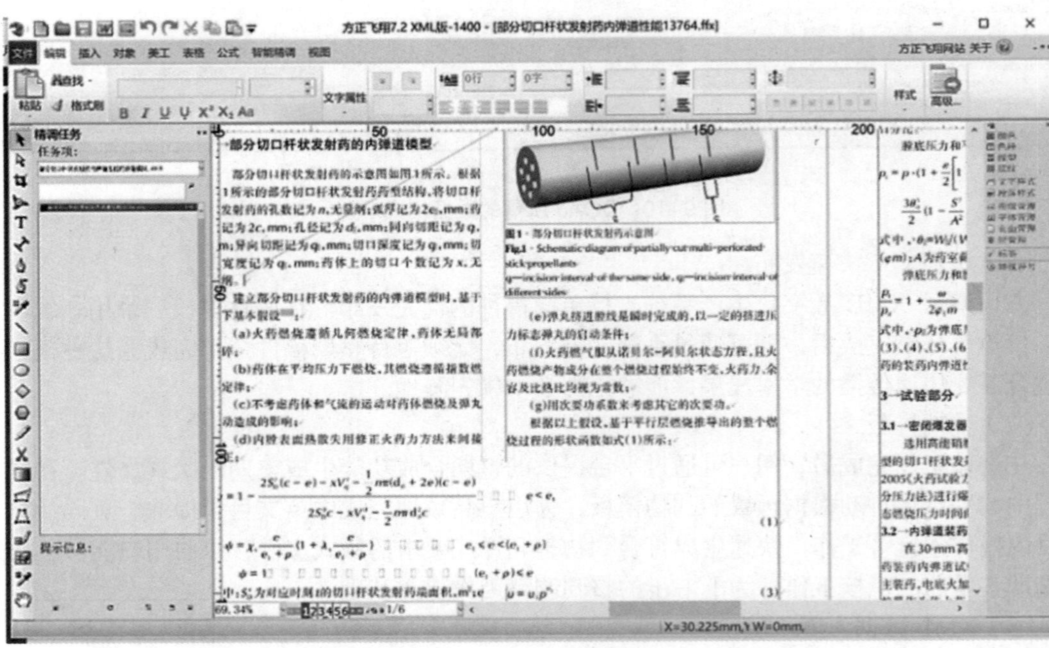

图 9-11 飞翔精修工具界面

片尺寸的变化进行自动调整，可以使用自然语言进行数学、化学公式的输入，交互式绘制有机化学结构式和电子层结构，等等。

（3）版本比对

传统比对类产品大多基于版式，将版本差异转换为版式像素差异来进行比对。这种比对结果往往只能用于付印清样的核红环节，一旦应用在“三审三校”环节中，错比、漏比的情况太过严重，往往通篇都会出现大量错误，基本无法使用，而造成这样的原因，就是传统比对软件并不是真正基于内容进行比对。方正鸿云 XML 数字化生产系统提供的版本比对功能，突破性地采用内容流比对技术，能够对同一篇稿件不同版本的排版结果进行内容和样式上的比对，文字内容、样式的差异和图片、表格、公式等复杂对象的修改等，都可以通过可视化的界面呈现给用户，通过交互良好的功能界面，快速完成不同版次间的审校工作。图 9-12 为功能界面示意图。

图 9–12　功能界面示意图

功能界面应当主要由两个版本显示区域组成，左侧是较旧的版本显示区域，右侧是较新的版本显示区域。通过不同颜色色块区分修改内容，新内容的增加用绿色色块标识，旧内容的删除用红色色块标识，如果是文字内容的删除，色块中还会有深红色横线，内容的修改（包括内容和样式）用蓝色色块标识，体现在新旧两个版本显示区域中。

9.3.4　XML 技术的主要应用点

（1）文档结构化

方正鸿云 XML 数字化生产系统的智能文档结构化能够自动生成符合 JATS 标准的全文 XML 数据，确保文献的结构化文档满足国内外主流期刊发布平台对结构化文档的标记要求。这有助于提升内容的规范性和一致性，减少因人工标记不规范而导致的错误。智能结构化技术贯穿学术出版的整个流程，从稿件的提交、编辑、排版到发布，实现了全流程的数字化，这不仅提高了出版效率，还为出版行业的数字化转型提供了有力支持。

（2）自动排版

方正鸿云 XML 生产系统的自动排版功能，以 XML 技术作为数据交换和存储的标准格式，它能够实现内容与形式的分离，便于内容的结构化处理和多格式转换，其自动化能力，减少了人工操作环节，优化了出版流程，通过内容自适应算法和图文定位算法，解决了复杂对象在不同版式中容易出现的版式不规范和内容乱序问题，大大减少了人工操作的时间和精力，能够显著减少出版成本。

（3）格式转换

方正鸿云 XML 数字化生产系统能够智能识别文本结构、自动设置标签，可以自动解析稿件内容到最细颗粒度，完成内容与形式的分离，为后续实现内容的动态重组提供准备，根据期刊出版社常见的应用场景，生成符合不同数据库要求的 XML 文件，实现多格式数据的自动生成。这不仅节约了大量加工成本，同时加速了学术成果的传播，增强了期刊的适应性和竞争力。

9.4 方正鸿云学术发布与传播系统

9.4.1 整体介绍

学术内容的快速发布对国内出版单位有重要意义和价值，数据显示，开放全文数据的期刊在谷歌搜索中的显示度更高，且自建网站的期刊在影响因子、总被引频次等指标上表现更优，核心期刊自建学术发布网站的比例及全文开放率尤为突出。学术内容快速发布不仅是期刊网络化生存的必然选择，更是提升国际竞争力、扩大学术话语权的重要战略，需持续完善技术标准与服务，以充分释放其价值潜能。

方正鸿云学术发布与传播系统旨在通过技术手段提升学术内容的传播效率与全球可见度。该系统为出版单位提供了内容托管与发布服务，支持论文、图书、科学数据、行业资讯等多类型资源的整理入库，并借助 XML 转 HTML 网刊技术、组件化建站技术、大模型技术等，结合开放科学理念及国际化标准，构建了覆盖全流程的学术传播生态。

为了提高学术内容的全球显示度，方正鸿云学术发布与传播系统与众多第三方平台实现了数据交换，如图 9-13 所示。

9.4.2 典型流程

（1）虚拟专辑制作

学术专题是读者阅读的重要方式，方正鸿云学术发布与传播系统提供虚拟专辑制作（如图 9-14 所示）。编辑可按照作者、学科、研究热点、研究机构、基金项目等多种维度筛选相关领域的优秀文章、资讯、视频等数据并形成知识专题，封装成虚拟专辑，进行相应内容展示。

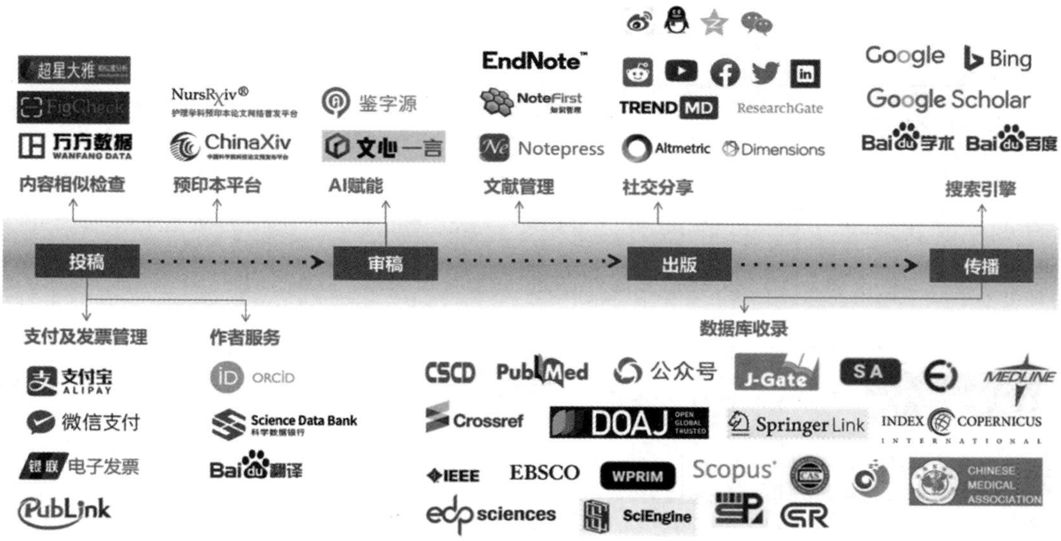

图 9–13　方正鸿云全面融入国际出版生态

图 9–14　虚拟专辑制作流程

（2）依据论文进行学术视频制作

学术短视频逐渐成为学术传播的重要渠道之一。方正鸿云学术发布与传播系统以 XML 数据为基础，集成 AIGC 技术、数字人技术、语音合成技术、图片及视频处理技术，自动生成视频脚本及视频模板，辅助期刊快速将论文内容制作成宣传视频，加速科技论文传播。学术视频制作流程如图 9-15 所示。

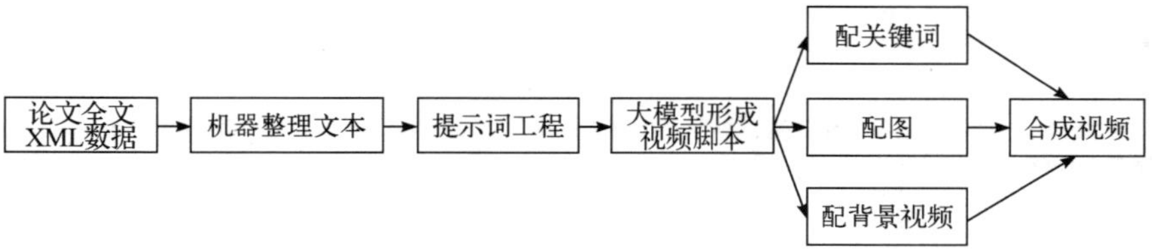

图 9–15　以 XML 数据为基础的学术视频制作流程

（3）依据论文生成 AI 导读、脑图、问答

方正鸿云学术发布与传播系统利用 AI 能力帮助读者快速查询文章、阅读文章、归纳总结各章节重点，帮助读者快速确定查询到的内容是否为自己需要的信息，AI 导读、脑图、问答生成流程如图 9-16 所示。例如，通过方正鸿云学术发布与传播系统可以智能生成文章导读内容（如图 9-17 所示）。

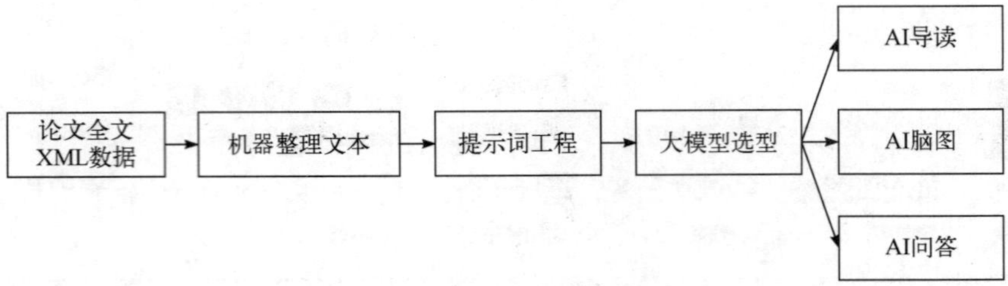

图 9–16　以 XML 数据为基础自动生成 AI 导读、脑图、问答

AI Introduction | Full Text(HTML) | Figs(14) | References | Publication Info | Metrics

1 引言

视觉知识的概念是一种与AI使用的传统知识表达方式不同的新型表达形式。像GPT-3这样的大型语言模型已经引领了自然语言处理的革命，而分割任意模型（SAM）则将计算机视觉带入了视觉基础模型的时代。然而，这些大型AI模型仍存在不足，包括不透明性和缺乏对现实世界的理解。视觉知识的发展有助于缓解这些缺点。本工作深入探究了视觉知识的理论和方法论，并识别出创建更强大AI系统的有望方向。论文被组织成不同部分，介绍了视觉知识的起源与理论，归类了视觉知识的最新进展，并为将来对视觉知识的探索勾勒出了有希望的方向。

2 视觉知识：起源与定义

本章描述了视觉知识的认知基础，并强调了视觉信号在人类大脑处理、视觉记忆及其表达和感知、视觉记忆和人类知识之间交互作用中的重要角色。它还讨论了视觉知识理论的提议及其核心定义，包括视觉概念、视觉关系、视觉操作和视觉推理。文中还解释了视觉概念中原型的概念及其与原型理论的关系。本章为AI系统中视觉知识的开发和使用提供了见解。

3 大模型前时代的视觉知识：回顾

本节提供了近期视觉知识研究的概览，专注于视觉概念、视觉关系、视觉操作和视觉推理。视觉概念由原型和范围来表示，深度生成分类器成为估算每个视觉概念的数据密度的主导方法。视觉关系包括几何、语义、时间、功能和因果关系，对各种计算机视觉任务中的这些关系建模做出了重大努力。因果关系和视觉推理旨在揭示视觉数据中嵌入的因果性，以提高深度学习模型的可解释性和泛化能力。视觉操作涉及对空间或时间中的视觉概念或对象的操纵，研究重点在于定制视觉内容生成和新视角合成，用于模拟合成视点中对象的变形和运动。已经设计了各种深度生成模型和方法来完成这些任务，展示了令人印象深刻的能力，但也面临更复杂视觉操作的挑战。诸如3D建模和神经辐射场等技术也在推进新视角合成领域显示出巨大的前景。

4 大模型时代的视觉知识：展望

在本节中，我们探讨视觉知识如何赋能大模型，使其接近人类的普遍智能水平。然后，鉴于建立视觉知识的重大挑战，我们研究大模型如何促进视觉知识的发展。将视觉知识整合到大型模型中为透明度、推理和灾难性遗忘的进步提供了有前景的途径。视觉知识提供了一个显式、强大和统一的框架，用于全面建模视觉概念、视觉关系、操作和推理。它可能会把大模型的推理带入一个新时代，其中推理由隐性和显性知识共同驱动。视觉知识还提供了一种显式、结构化、持久、可编辑和可追溯的知识表示方式，解决了灾难性遗忘的问题。我们然后探讨大模型在推进视觉知识方面的关键作用。大模型可以学习强大的视觉概念、建模视觉关系和操作，并作为知识基础极大地丰富视觉知识。它们还为视觉知识提供补充知识，丰富和补充视觉知识。大模型获得的知识与错误、偏见、噪声和琐碎模式交织在一起，因此应使用高级知识分析、提取和增强技术。

5 结论

本章讨论了AI领域的突破、大AI模型的局限性以及视觉知识解决这些不足的潜力。它回顾了视觉记忆和感知的认知研究，介绍了视觉知识的起源和核心概念，并回顾了最近在视觉概念、关系、操作和推理方面的研究努力。本章还指出了视觉知识在大模型时代的机遇和挑战，为下一代AI的研究铺平了道路。

图 9–17　智能生成文章的导读内容

（4）依据论文自动翻译成联合国 6 种官方语言进行全球化传播

方正鸿云学术发布与传播系统可以基于图 9-18 所示的多语言传播处理流程对论文元数据进行联合国六种语言翻译，并将内容提供给各个搜索引擎进行收录，提高论文在各个渠道的曝光度。例如，以《信息与电子工程前沿（英文）》2025 年第 1 期 “Visual knowledge in the big model era: retrospect and prospect” 为例，经过智能翻译机传播后，可以实现如图 9-19 所示的 6 种语言版本在搜索引擎中被收录和曝光。

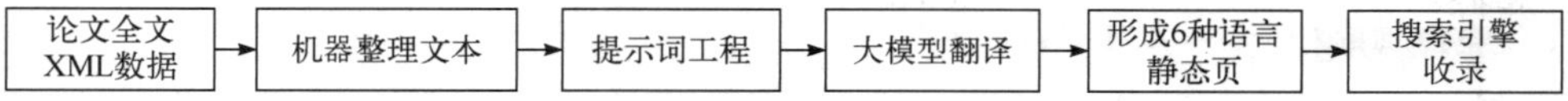

图 9-18　多语言传播处理流程示意图

图 9-19　文章被智能翻译为六种语言版本后被搜索引擎收录

9.4.3　核心操作

（1）论文数据入库

平台接收符合 JATS 标准的 XML 数据，确保数据的完整性和一致性。自动从 XML 文献中提取图片、表格、作者等关键信息，并将这些信息分别存储于独立的图片库、表格库和作者库中，同时保留这些条目与原文之间的关联，以便用户能够追溯至原始文献。此外，系统还支持将其他数据源数据转换为符合 JATS 标准的 XML 格式，确保数据的兼容性和标准的统一性，便于统一管理和使用。

当完成稿件的生产流程后，系统自动将生成的 XML 数据、PDF 文件以及其他相关资源推送至数据资源中心，无须人工干预，提高了数据入库的效率和准确性。同时，系统还支持数据的批量导入功能，方便期刊出版社在初期建设数据资源中心时，能够快速地将历史数据资源整合入库。

（2）DOI 自动注册

DOI（digital object identifier，数字对象唯一标识符）批量注册能够一次性处理大量文献的 DOI 注册需求，满足学术期刊规模化出版的要求。在注册过程中，自动从文献 XML 数据中获取元数据信息，如篇名、作者、摘要、关键词等，并按照 ChinaDOI 系统的要求进行格式转换与数据提交。这一过程充分利用了平台的 XML 动态出版引擎技术，确保了元数据的准确性和完整性，为 DOI 的成功注册提供数据基础。同时，对于 DOI 注册过程中可能需要的元数据修改，也提供了便捷的操作界面和高效的处理机制，编辑部可以轻松地对相关元数据进行调整和补充，确保 DOI 注册信息的准确性和规范性。

（3）学术视频制作

以论文 XML 数据为基础，集成 AIGC 技术、数字人技术、语音合成技术、图片及视频处理技术，辅助期刊出版社快速将期刊内容制作成宣传视频，加速科技论文传播。大模型根据全文内容进行精简总结，生成视频文字脚本，然后通过分段方式，将视频背景素材与语音播报相匹配。系统会将论文中的图片进行自动抽取，可作为图片素材展示在视频中，同时支持自主上传图片、视频背景素材，丰富视频效果。如若对合成效果精度不满意，编辑器可接入阿里云云剪辑，支持对整个视频内容进行在线二次精修，如对图片大小、图片进出效果、字幕样式、封面文字等内容进行调整，精修结果一键同步至学术期刊网站。

9.4.4 XML 技术的主要应用点

（1）利用 XML 转 HTML 进行内容多终端适配，拓展学者阅读场景

将 XML 格式的学术内容转换为 HTML 格式，能够使其在多种终端设备上（如桌面电脑、笔记本电脑、平板电脑、智能手机等）实现快速、准确的展示。这种多终端适配能力确保了学术成果可以跨越不同设备平台的限制，无论是科研机构的专业研究人员使用台式电脑进行深度阅读和研究，还是普通大众利用移动设备在碎片化时间获取知识资讯，都能获得良好的阅读体验，从而极大地拓展了学术内容的传播范围，提高了知识的传播效率，加速了学术成果在全社会的共享与应用。

HTML 格式的网页内容具有良好的交互性和易用性。通过 XML 转 HTML，学术内容能够以更加友好、直观的方式呈现给用户。例如，可以实现内容的结构化导航，方便用户快速定位到感兴趣的章节或段落；支持多媒体内容的嵌入，如图片、音频、视频等，丰富了知识的表现形式，使复杂的学术内容更易于理解；还能提供便捷的搜索功能，帮助用户在海量的学术资源中迅速找到所需信息。这些优化措施不仅提升了用户获取知识的效率和满意度，也为学术交流提供了更加便利的条件，促进了学术思想的碰撞与创新。

（2）通过 XML 生产数据库格式，助力数据全球传播

通过对接 CSCD、CNKI、DOAJ、PubMed、Scopus 等国内外数据平台，极大地提升了学术论文的传播与影响力。被这些平台收录的论文更容易被其他学者在研究中发现和引用，从而提高论文的引用率。高引用率不仅反映论文的受关注程度，还能增强其在学术领域的权威性和价值。在科研评价体系中，论文被知名数据库收录及引用情况是衡量学术价值的关键指标。对接这些平台有助于提升论文的学术价值和学术贡献度，为作者带来更多的学术荣誉和发展机会。

（3）大模型读取 XML 结构化数据生成导读，带领学者 AI 速读全文

学术文献篇幅通常较长且内容复杂，读者往往需要花费大量时间来筛选出对自己有用的部分。大模型通过读取 XML 结构化数据生成导读，能够快速提炼出文献的核心观点、研究方法、实验结果等关键信息，帮助读者在不阅读全文的情况下，迅速判断该文献是否符合自己的需求，从而节省大量时间。

导读可以为读者提供一个清晰的文献内容框架，使其能够根据自己的兴趣和需求，直接跳转到相应的章节或部分进行深入阅读，避免了盲目浏览，提高了阅读的针对性和效率。

（4）综合应用大模型抽取/文本转语音/视频流合成等技术制作 AI 视频

AI 视频可以轻松地在各种媒体平台上传播，如社交媒体、学术网站、视频平台等。它能

够拓宽传统学术期刊的传播范围，让学术成果有机会触达更多不同领域、不同背景的受众。例如，在社交媒体平台上，一个生动有趣的 AI 视频可能会被大量用户分享和传播，从而引发更广泛的学术讨论和社会关注，为学术传播开辟新的渠道和空间。

9.5 方正鸿云精准推送服务

9.5.1　整体介绍

邮件作为学术传播的重要渠道，凭借其精准性、高效性和广泛适用性，在学术成果传播与交流中发挥着关键作用。其核心优势在于能够通过构建学者数据库，结合研究领域匹配算法，实现个性化推送，从而提升传播效率。例如，中国药房对已发表论文进行全球精准邮件推送，显著提高文章的阅读量和引用量；遥感学报使用大数据驱动的邮件推送服务后，官网访问量实现倍数增长。

方正鸿云学术精准推送服务致力于建立学术文献与学者之间的关联，以底层学术大数据为依托，使用机器学习和自然语言识别技术，分析学者行为特征，深度剖析目标学者画像，构建知识体系，将学术文献推送给相关领域的学者。方正鸿云学术传播系统通过邮件推送系统、移动微信精准推送系统等渠道分发内容，主动触达目标学者。当有新的期刊上线时，立即推送，确保及时性。方正鸿云学术精准推送服务能够实现学术文献的精准传播，帮助期刊出版单位提高学术文献传播效率、传播的精准度和塑造期刊品牌，助力提升期刊的学术影响力。

9.5.2　典型流程

基于邮件方式进行学术文献精准推送时，其典型的流程如图 9-20 所示。整个流程包含数据采集和存储、邮件内容配置、选择目标学者、邮件正式推送、学者阅读和传播效果统计六个环节。

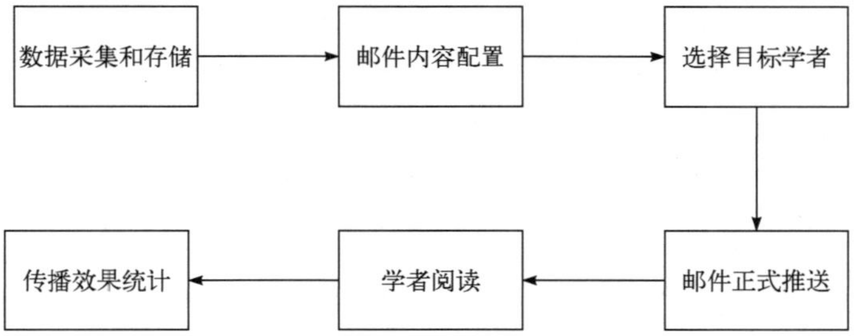

图 9–20　学术文献精准推送流程图

（1）数据采集和存储

采集论文标题、作者、关键词、摘要、正文、参考文献等信息，形成标准化的数据模型，为邮件内容生成提供结构化数据源。

（2）邮件内容配置

期刊推送邮件的模板可以如图 9-21 所示进行设置，每次推送前都需要预览和检查邮件文献内容和邮件样式，确保数据准确无误后再进行正式推送。

基于 XML 技术，可实现对学者、文献、机构等元数据进行细颗粒度拆解。通过 XML 技术存储论文数据，自动生成包含文献目录（含栏目、标题、摘要、关键词等文献元数据）、当期目次、过刊浏览、期刊介绍等内容的推送邮件，且邮件含文字、图片、超链接、二维码等多媒体内容，可显著提升邮件内容的丰富性。

基于 XML 的语义标签（如“<subject-area>”“<keywords>”），结合用户画像数据（研究领域、阅读历史），动态生成匹配的邮件主题和推荐内容。例如，通过 XSLT 转换技术，将同一篇论文的 XML 数据适配为不同学者偏好的摘要模板或全文链接，并支持生成整期、专题、单篇、通知等个性化内容，满足用户按不同的任务类型选择推送内容的个性化需求。

（3）选择目标学者

邮件推送前，需选择本次文献要推送的目标对象。邮件推送的目标学者有发文作者、发文作者的共同作者、发文作者的同机构学者、引用期刊作者、引用论文作者、引证期刊作者、引证论文作者、本领域期刊作者、关键词作者等。这里，可以利用 XML 标签，筛选目标学者信息，比如领域、机构等学者相关信息。也可以从参考文献作者中抓取 XML 元数据，补充推送对象库，扩大推送对象的覆盖范围。

另外，支持导入白名单学者，针对期刊出版社要求的指定人群进行定向推送。方正鸿云精准推送服务支持自定义推送、智能推荐等多种方式。

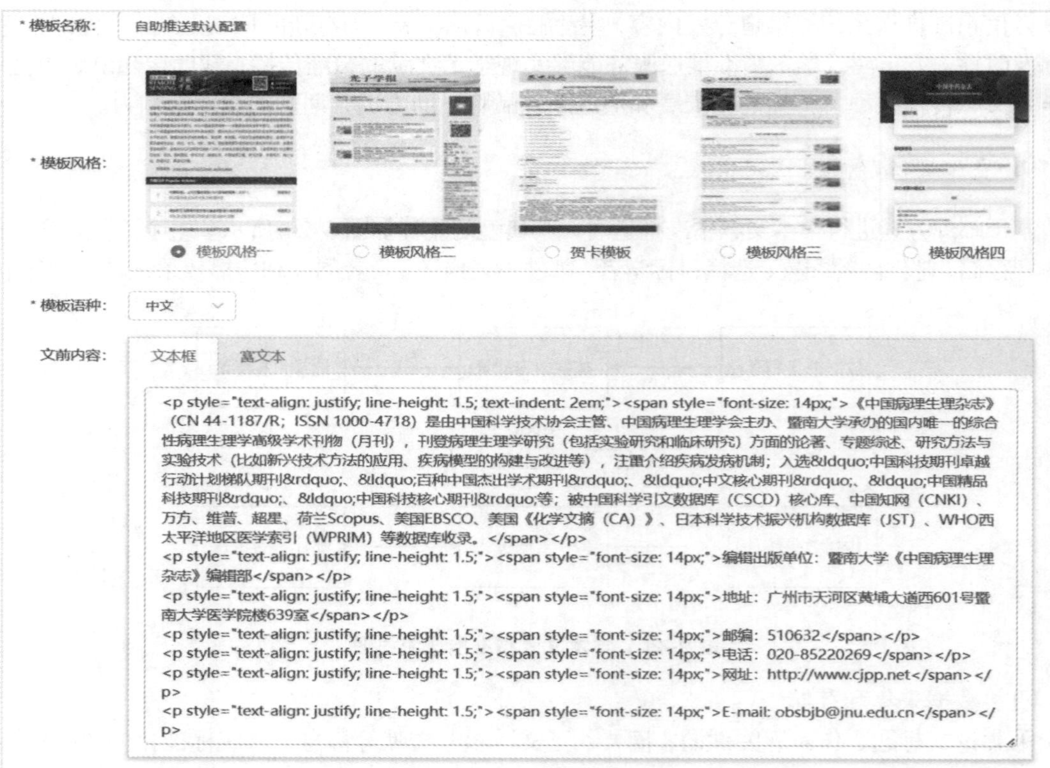

图 9-21　推送邮件模板配置（部分）示意图

（4）邮件正式推送

对邮箱进行配置，利用邮件系统进行批量发送。为提高邮件发送成功率，避免发送失败或进垃圾箱，可设置分批次发送。

（5）学者阅读

学者通过邮箱打开邮件（如图 9-22 所示）浏览文献目录，对感兴趣的文献可以点击“全文”跳转到期刊官网阅读全文，进行精细化阅读。

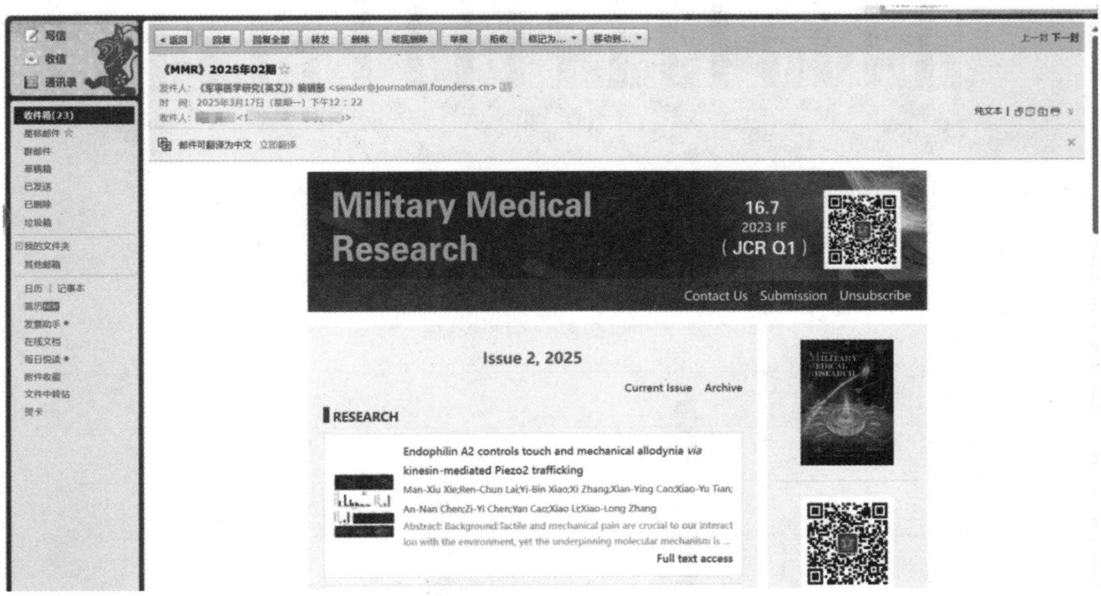

图 9–22　学者邮箱收到的推送邮件效果（部分）示意图

（6）传播效果统计

方正鸿云学术传播系统可统计邮件推送人数、送达率、邮件阅读次数、邮件阅读人数、打开率等各项数据，并统计期刊被引次数、推送文献被引情况等。系统还支持数据可视化，形成柱状图、饼状图等图表直观展示数据。图 9-23 和图 9-24 分别以柱状图方式显示文章阅读情况和推送学者的来源分布。

系统能够提供单期报告、年度报告，支持在线查看和下载为 PDF 文件。报告包含邮件推送数据概览、文献被引次数统计、核心学者阅读情况、文章阅读统计、阅读邮件用户机构、地域分布情况等维度的分析。

9.5.3　XML 技术的主要应用点

XML 技术凭借其结构化、标准化和可扩展性，已成为学术论文邮件推送系统的核心技术支撑，贯穿于内容生产、数据交换和精准推送全流程。

（1）基于 XML 技术实现邮件内容的自动化生成

基于 XML 的语义标签（如“<subject-area>”“<keywords>”），结合用户画像数据（研究领域、阅读记录），动态生成匹配的邮件主题和推荐内容。

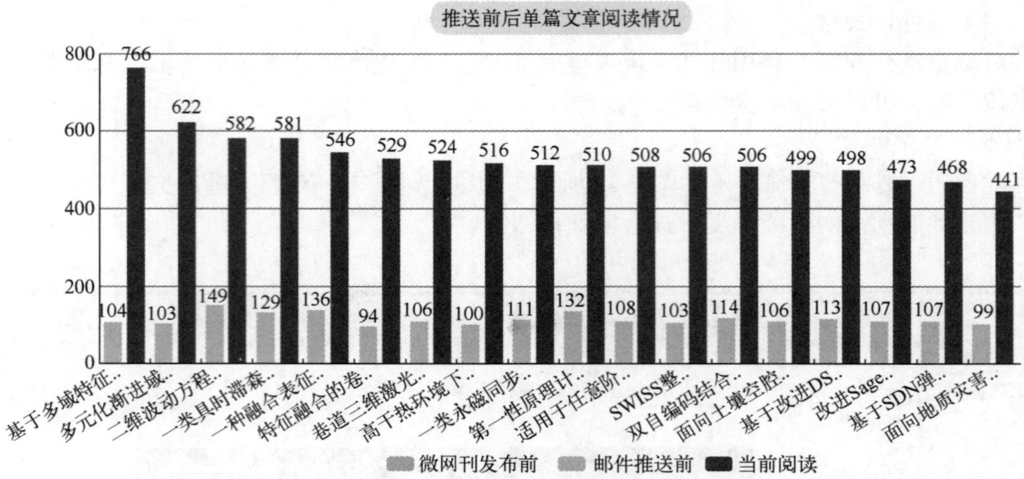

图 9-23　邮件推送前后文章阅读情况示意图

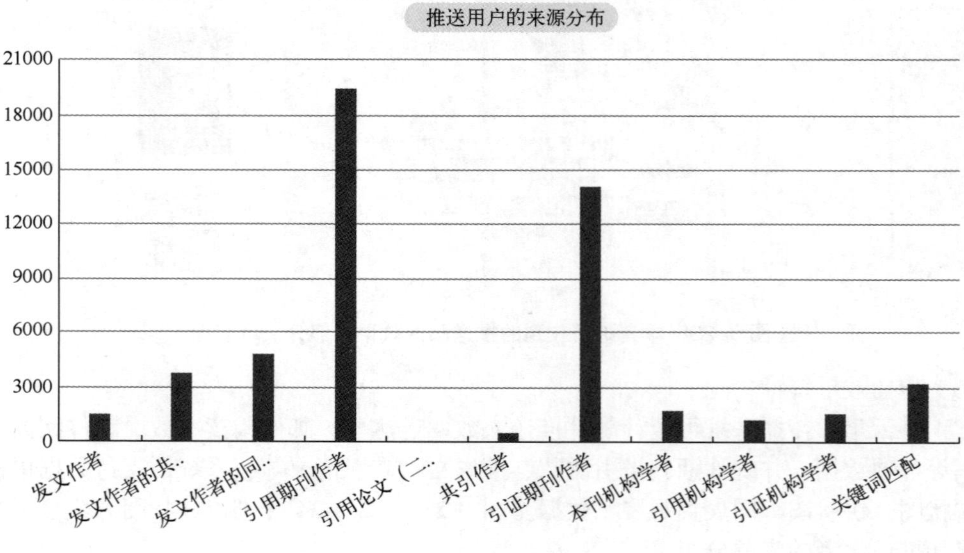

图 9-24　邮件推送学者的来源分布示意图

通过 XML 技术存储论文数据，自动生成包含文献目录（含栏目、标题、摘要、关键词等）、当期目次、过刊浏览、期刊介绍等内容的推送邮件，可显著提升邮件生成效率。包含文字、图片、超链接、二维码等多媒体内容，提高了邮件内容的丰富性和多样性。

将同一篇论文的 XML 数据适配为不同学者偏好的摘要模板或全文链接，并支持生成整期、专题、单篇、通知等个性化内容，满足客户按不同的任务类型选择推送内容的个性化需求。

（2）基于 XML 技术实现邮件支持多媒体内容

在邮件中嵌入 XML 描述的多媒体内容（如论文配图、公众号二维码、全文链接），推动学术成果的多维度展示。

（3）基于 XML 技术实现目标学者精准匹配

利用 XML 技术对采集的参考文献数据进行引用、引证关系提取分析和存储，为基于引用、引证关系计算匹配学者打好数据基础。利用 XML 标签（如领域、专题、专辑、DOI）对论文进行精细化分类，通过审稿人数据库、作者推荐列表筛选目标学者。从参考文献作者中抓取 XML 元数据，补充推送对象库，扩大覆盖范围。

参考文献

[1] 顾兵. XML 实用技术教程[M]. 北京：清华大学出版社，2007.

[2] 贾素玲，王虹森，王强，等. XML 技术应用[M]. 2 版. 北京：清华大学出版社，2017.

[3] 黄源，董明，舒蕾，等. XML 基础与案例教程[M]. 北京：机械工业出版社，2022.

[4] 刘银娣. 数字出版概论[M]. 广州：华南理工大学出版社，2024.

[5] 匡文波. 数字出版教程[M]. 北京：中国人民大学出版社，2016.

[6] 翟铭. 跨媒体信息传播原理与技术[M]. 北京：文化发展出版社，2018.

[7] 麦克劳夫林，埃德尔森. Java 与 XML[M]. 南京：东南大学出版社，2007.

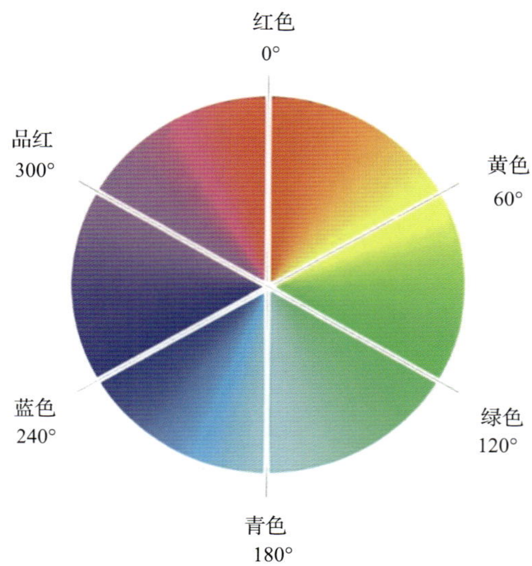

图 5-1　HSL 颜色空间的色轮